做人要懂得宽心　处世要学会舍得

宽心是一种心态，心宽一点，烦恼就少一点，快乐就多一点；舍得是一种境界，懂得舍得，生活才没有负担。

做人要懂得
处世要学会

舍得宽心

林一格◎编著

研究出版社

图书在版编目（CIP）数据

做人要懂得宽心　处世要学会舍得 / 林一格编著.
— 北京：研究出版社，2013.1（2021.8重印）
ISBN 978-7-80168-751-7

Ⅰ.①做…

Ⅱ.①林…

Ⅲ.①人生哲学－青年读物

Ⅳ.①B821-49

中国版本图书馆CIP数据核字（2012）第308185号

责任编辑：之　眉　　责任校对：陈侠仁

出版发行：研究出版社

地　址：北京1723信箱（100017）

电　话：010-63097512（总编室）010-64042001（发行部）

网址：www.yjcbs.com　E-mail: yjcbsfxb@126.com

经　　销：新华书店

印　　刷：北京一鑫印务有限公司

版　　次：2013年4月第1版　2021年8月第2次印刷

规　　格：710毫米×990毫米　1/16

印　　张：14

字　　数：205千字

书　　号：ISBN 978-7-80168-751-7

定　　价：38.00 元

前 言
FOREWORD

　　有人说，身安不如心安，屋宽不如心宽，宁可清贫自乐，不可浊富多忧。这实际上是一种人生境界。"屋宽不如心宽"，是为人处世的心态。对于任何事情，要摆正心态，不要斤斤计较，要学会"宽心"和"舍得"，让自己永远处于平和乐观的状态。

　　宽心既是一种心理健康的明显标志，也是人生不可或缺的灵丹妙药。心宽了，才能保持精神的愉悦、心理的健康，让快乐与轻松常伴；心宽了，才不会向困难厄运低头，才不会在泥泞荆棘中惊慌，才不会被生活的风雨摧垮；心宽了，才不会被名缰利锁羁绊，才不会为乌纱铜锈折腰，才不会被纷争算计困扰；心宽了，才不会小肚鸡肠地待人，才不会心眼如豆地对事，才不会为鸡毛蒜皮之事而耿耿于怀；心宽了，就能平和豁达，坦荡磊落，从容洒脱，不刻薄，不猜疑，不气恼。

　　世间道路坎坷曲折，人生也不会一帆风顺。人生之路上人们总是患得患失，在得与失的选择中彷徨不已。有人说，生活需要智慧，是的，面对生活中得失带来的困扰，真正智慧的做法就是要学会舍得。把心放宽，把手放开，宽心后而舍得，这是人生的一大智慧。

　　舍得，是一种理智，是一种豁达，它不盲目不狭隘。舍得对心境是一种放松，对心境是一种滋润。它驱散了乌云，清扫了心房。有了它，心境才能从容坦然，生活才会阳光灿烂。

　　有这么一句话："一个人的快乐，并不是他拥有得多，而是他计较得少。多是负担，是另一种失去。少非不足，是另一种有余。舍弃也不一定是失，而是另一种更宽广的拥有。"可见，宽心与舍得才是快乐的源泉，得而有所舍才是人类智慧之心。

舍得，是一种精神；舍得，是一种领悟；舍得，是一种成熟；舍得，是一种智慧，舍得，是一种境界。舍得，是一种生活中必然的选择。

一个真正有所为的人，在面对抉择时，总是能够作出正确的选择，该舍弃的毫不犹豫，坚决舍弃，该珍惜的义无反顾，永远珍惜。

有一种智慧叫作宽心，有着一种艺术叫作舍得。生命的坦然在于学会了宽心，生活的快乐在于懂得了舍得。让我们学会宽心，懂得舍弃，把握正确的航向，让我们的人生之旅闪耀着熠熠的光辉。

目 录
CONTENTS

上辑 宽心的智慧

第一章 凡事宽处想，越想越宽广——心宽是一种博大的胸怀 …………… 2

  1. 停止那些无聊的抱怨 ……………………………………………… 2

  2. 从不同的角度看事物 ……………………………………………… 4

  3. 哪里有怒气，哪里就有冲突 …………………………………… 6

  4. 微笑是冬日里的一抹阳光 ……………………………………… 8

  5. 为了健康，避免生气 …………………………………………… 9

  6. 善良：感化心灵的良药 ………………………………………… 11

  7. 把自己融入身边的大世界 ……………………………………… 12

  8. 微笑着对待生活 ………………………………………………… 13

第二章 宽容别人，善待自己——心宽是一种处世的智慧 …………… 17

  1. 宽容是一种美德 ………………………………………………… 17

  2. 宽容更是一种智慧 ……………………………………………… 19

  3. 忘掉不快，释放自己 …………………………………………… 20

  4. 把情感装入理性之盒 …………………………………………… 23

  5. 用宽容治疗心中的毒瘤 ………………………………………… 24

  6. 善待他人就是善待自己 ………………………………………… 26

  7. 得饶人处且饶人 ………………………………………………… 29

  8. 与人方便就是与己方便 ………………………………………… 31

第三章 宝剑锋从磨砺出，梅花香自苦寒来——心宽是一种积极的心态 … 36

  1. 快乐就是一种心态 ……………………………………………… 36

  2. 不要把情绪带回家 ……………………………………………… 38

  3. 用积极的心态对待不幸 ………………………………………… 39

4. 把心放宽，远离偏激 …………………………………………… 40

5. 积极的心态助你成功 …………………………………………… 42

6. 给自己一份好心情 ……………………………………………… 44

7. 别让心灵荒芜 …………………………………………………… 45

8. 雨过了，总会天晴 ……………………………………………… 47

第四章　幸福走一生，心宽福自到——心宽是一种永恒的幸福 ……… 52

1. 幸福是一种自我感觉 …………………………………………… 52

2. 对生活常抱一颗感恩的心 ……………………………………… 53

3. 心胸坦荡，寝食无忧 …………………………………………… 55

4. 严以律己，宽以待人 …………………………………………… 56

5. 学会选择幸福 …………………………………………………… 58

6. 习惯性的宽容可以带来平静 …………………………………… 59

7. 善待自己，快乐生活 …………………………………………… 61

8. 幸福无所不在 …………………………………………………… 62

第五章　贪大求多烦恼生，淡泊明志俭养德——心宽是一种品格的升华 … 70

1. 以平常的心态对待财富 ………………………………………… 70

2. 欲望越多，痛苦越多 …………………………………………… 72

3. 金钱得失不过是人生浮云 ……………………………………… 74

4. 好好活着，不要祈求太多 ……………………………………… 76

5. 金钱与地位不能画上等号 ……………………………………… 78

6. 不被外物所蒙蔽 ………………………………………………… 79

7. 淡泊名利，无求而自得 ………………………………………… 81

8. 生活中还有比金钱更重要的东西 ……………………………… 83

9. 减少欲望，宁静淡泊 …………………………………………… 85

第六章　人生境界高，心宽境自阔——心宽是一种人生的境界 ……… 93

1. 缺憾是最真实的完美 …………………………………………… 93

2. 每个生命都有优点和欠缺 ……………………………………… 95

3. 快乐是可以分享的 ……………………………………………… 96

4. 想开一点，学点洒脱 …………………………………………… 98

5. 生活永远是豁达的 ………………………………………… 100

6. 重视生命的"亮度" ……………………………………… 102

7. 宽恕别人，升华自我 …………………………………… 103

下辑 舍得的艺术

第一章 弯得下才能站得高——舍得己 ………………… 108

1. 低头弯腰保护自己 …………………………………… 108

2. 喜怒不形于色 ………………………………………… 111

3. 做人还是谦虚一点好 ………………………………… 114

4. 不要让你的光芒抢了别人风头 …………………… 116

5. "会哭的孩子有奶吃" ……………………………… 117

6. 放下自己的面子，给足别人面子 ………………… 120

第二章 屈得了才能伸得直——舍得气 ………………… 124

1. 忍是医治磨难的良方 ………………………………… 124

2. 忍让有度，不走极端 ………………………………… 126

3. 忍耐是一种美德 ……………………………………… 128

4. 退却是为了更好地前进 ……………………………… 130

5. 小不忍则乱大谋 ……………………………………… 133

6. 忍是弯曲的艺术 ……………………………………… 135

7. 好汉宁吃"眼前亏" …………………………………… 137

第三章 放得下才能拿得起——舍得名 ………………… 142

1. 人的一生有得有失 …………………………………… 142

2. 看得开，放得下 ……………………………………… 144

3. 鱼和熊掌不可兼得 …………………………………… 145

4. 放弃是另一种胜利 …………………………………… 146

5. 放弃需要巨大的勇气 ………………………………… 147

6. 勇敢地面对人生的丧失 ……………………………… 148

7. 丧失是成长和收获的源泉 …………………………… 151

第四章 退得出才能进得去——舍得权 ·············· 156

  1. 成全别人的好胜心 ····························· 156

  2. 将欲夺之，必先予之 ························· 158

  3. 做人不能太较真 ····························· 160

  4. 适可而止，留有余地 ························· 162

  5. 养成谦虚礼让的美德 ························· 163

  6. 大智若愚总是智 ····························· 166

  7. 以进为退，以退为进 ························· 169

第五章 输得小才能赢得大——舍得利 ·············· 174

  1. 做事不可急功近利 ··························· 174

  2. 糊涂亏，莫计较 ····························· 176

  3. 吃亏是福心中留 ····························· 178

  4. 吃亏越多，幸福越多 ························· 181

  5. 不要只把目光停留在眼前利益 ··············· 183

  6. 弃小私得大私，以小利换大利 ··············· 185

  7. 与人为善是一种崇高的道德修养 ············· 187

第六章 忘得了才能看得开——舍得情 ·············· 194

  1. 天下没有不散的宴席 ························· 194

  2. 放手，让爱的人走 ··························· 196

  3. 强扭的瓜不甜 ······························· 197

  4. 给彼此一些私人空间 ························· 199

  5. 不要把偶像当情人 ··························· 201

  6. 离婚不是终点 ······························· 203

  7. 失恋不能失态 ······························· 205

  8. 现在拥有的才是最好的 ······················· 208

  9. 放弃也是一种美丽 ··························· 209

上辑　宽心的智慧

第一章　凡事宽处想，越想越宽广

——心宽是一种博大的胸怀

　　心宽是一种博大的胸怀。生活快乐与否完全取决于心境。凡事往宽处想，越想越宽广；凡事往亮处看，越看越亮堂。少一分抱怨，烦恼烟消云散；多一分快乐，幸福围绕身边。不怕失望，只要不绝望，就有希望。痛苦可以忍受，泪水可以恣情，但永远不能低头。当生活把你逼进一条甬道里，不要灰心丧气，给心境一点光，狭窄的甬道就会变成一条洒满阳光的大道。

1. 停止那些无聊的抱怨

　　在翻过了千山万水后，发现自己虽然满脚的泥泞，可是却闻到了满身的花香，那么，你又何必去抱怨自己所吃的苦、所受的伤呢？走完一段泥泞的路后，再回过头去看看我们走过的每一个足迹，你就能在深深浅浅的足迹中寻找到值得记忆的故事。

　　飞蛾在玩耍的时候看到了一只漂亮的蝴蝶，小伙伴们都非常喜欢蝴蝶，还热情地邀请它一起玩。回家后，小飞蛾向母亲抱怨说："为什么我们就不能像蝴蝶一样有着美丽的外表呢？你看，人们总是比较喜爱它们，这真是不公平。"

　　飞蛾妈妈充满怜爱地对它说："亲爱的孩子啊，在整个大自然之中，我们扮演的角色十分重要。我们所担负的责任，也不是其他生物可以取代的。我们多半是在夜间活动，那些夜晚开花的植物，需要靠我们传播花粉，所以美丽的外衣对我们并不重要，重要的是我们尽了自己的职责，对整个大自然有所贡献。你应该为此感到骄傲才对呀！"

　　享受自己的生活，不要和别人做比较。有些事情虽然无法改变，但你可以改变自己的心态。如果总是羡慕别人、看轻自己，那人生将是何等乏味与痛苦。能乐于接受自己、肯定自己的人，才会得到快乐。

一天，百兽之王老虎来到了天神面前："我很感谢你赐给我如此雄壮威武的体格，如此强大无比的力气，让我有足够的能力统治整个森林。"

天神听了，微笑着问："但是这不是你今天来找我的目的吧！看起来你似乎正为一件难以解决的事而困扰。"

老虎轻轻哼了一声，说："天神真是了解我啊！我今天来的确是有事相求。因为尽管我的力量大，但是每天鸡鸣的时候，我总是会被吓醒。神啊！祈求您，再赐给我一些力量，让我不再被打鸣声吓醒吧！"

天神笑道："你去找大象吧，它会给你一个满意的答复。"

老虎兴冲冲地跑到湖边找大象，还没见到大象，就听到大象跺脚所发出的"砰，砰，砰"的响声。

老虎问大象："你干吗发这么大的脾气？"

大象拼命摇晃着大耳朵，吼着："有只讨厌的小蚊子，总是钻进我的耳朵里，害我都快痒死了。"

老虎心里暗自想："原来体型这么巨大的大象，也会怕那么细小的蚊子，那我还有什么好抱怨呢？毕竟鸡鸣也不过一天一次，而蚊子却是无时无刻地骚扰着大象。这样想来，我可比它幸运多了。"

老虎一边走，一边回头看着仍在跺脚的大象，心想："天神要我来看看大象，应该就是想告诉我，谁都会遇上麻烦事，而它并不是可以帮助所有人。既然如此，那我只好靠自己了！反正以后只要鸡鸣时，我就当作鸡是在提醒我该起床了，如此一想，鸡鸣声对我还算是有益处的。"

在漫长的人生道路上，不如意之事十有八九。如果我们因为这种种不称心的事情而心灰意冷，备受煎熬，那么人生还有什么滋味可言呢？既然不可避免的事实已摆放在你的面前，你就得放宽心胸，坦然的去接受。

当探险家艾迪·雷根伯克因迷失在太平洋里，在救生筏上整整漂流了21天才获救后，他学到的最重要的东西就是：如果你有足够的水可以喝，有足够的食物可以吃，就绝不要再抱怨任何事情。是的，我们有足够的水喝，也有足够的食物吃，还有什么好抱怨的？只管享受生活，停止那无聊的抱怨吧！

上辑 宽心的智慧

2. 从不同的角度看事物

改变思考方向，便能学会从不同的角度来看自己和周围的事物。如果有一件事我们认为是可做的，从适当的角度改变思考方向可增加成功的机会。处事乐观可以推动我们向前，忧虑则会使我们陷于困境之中。

有一位巡回推销员在又暗又偏僻的路上开车时，发觉自己汽车的轮胎破了，需要更换，但他手上没有千斤顶。他看见一家农舍里透着光，准备去借。但他一边走，一边却在心里反复盘算："要是没有人来应门"，"要是他们没有千斤顶"，"要是他即使有，也不借给我呢"。他越想越焦躁。在农家的门打开时，他一拳打了过去，嚷道："你留着你那千斤顶好了！"

这个故事讥讽那些失败主义者，读来令人发笑。但我们是不是也常常这样想："事事总是不如我愿"，"我一定无法准时做好的"，"我老是把事情弄得一团糟"。

思想对我们一生的影响，比其他任何力量都大。不论我们喜欢与否，在人生旅途上，思想就是我们的领航员。思想灰暗悲观，我们的一生也注定会是如此，因为那些消极泄气的话根本不能给我们任何的支持和鼓励，只会打击我们的自信心。

简言之，想要心情好，凡事就得向好的方面想。下面是一些可行的方法：

（1）把忧虑和害怕的事说出来

苏珊第一次去见她的心理医生，一开口就说："医生，我想你是帮不了我的，我实在是个很糟糕的人，老是把工作搞得一塌糊涂、一事无成。就在昨天，老板说要我调职，他说是升职。要是我的工作表现真的好，干吗要我调职呢？"

医生没有说话，只是静静地听着。慢慢地，苏珊说出了她的真实情况。她在两年前拿了个MBA学位，现在有一份薪水优厚的工作。这哪能算是一事无成呢？

针对苏珊的情况，心理医生要求她以后把心里想到的话记下来，尤其在晚上睡不着觉时想到的话。在他们第二次见面时，苏珊写下了这样的话：

"我其实并不怎么出色，我之所以能够冒出头来全是侥幸。""明天一定会大祸临头，我从没主持过会议。""今天早上老板满脸怒容，我做错了什么呢？"

她承认说："单在一天里，我列下了26个消极思想，难怪我经常觉得疲倦，意志消沉。"

医生看到她写下的话，就要求她把这些大声朗读一遍，这使苏珊发觉自己为了一些假想的困难浪费了太多的精力。从此之后，苏珊便听从医生的话。遇到了什么不开心的事情，她就会一一记录下来，然后大声地读出来。久而久之，当她发现许多消极的念头都是多虑时，便能控制自己的思想，而不是被思想套牢了。

（2）剔除消极词句

芙兰在心里常常对自己说："我只是个秘书。"马克则常提醒自己："我仅仅是个推销员。""只是"和"仅仅是"这些字眼不但贬低他们的工作，也贬低了他们自己。

把消极的字眼剔掉，你便能找出你给自己带来的损害。对芙兰和马克来说，"只是"和"仅仅是"正是罪魁祸首。一旦把这些字眼剔除掉了，变成"我是个推销员"或"我是个秘书"，它们的含义就大为不同。而且在后面还可以接上一些积极的话，例如"我可以干得比别人好些"，这样你对生活就会充满信心。

（3）立即摆脱忧患意识

只要消极的想法一出现，你就应该用一句"停止"的口令，把它打消。

"我该怎么办，如果……"停止！

在理论上，叫停很容易办得到，但实际上做起来并不那么简单。你必须不屈不挠，才能奏效。

（4）突出积极一面

一个人去看心理医生，医生问他："你觉得什么地方不对劲？"

"祖父两月前去世，留给我7万元；上个月一位表亲死去，留下10万元给我。"

"那你还有什么不开心的呢？"

"这个月我一毛钱也没得到！"

一个人情绪低落，看什么事都是灰暗的，所以在下决心驱除心魔之后，应该立刻以积极进取的思想填补。

有个人这样述说自己的体验："每天晚上，我躺在床上总是睡不着，思潮起伏。我对孩子是不是太苛刻？客户打来的电话我回了没有？最后，我实在忍受不住了，干脆不去想令人心烦的事，而是回想和珍妮在动物园一起度过的快乐时光。我记得她对着猩猩大笑的样子，不久我脑海里全是美丽的回忆，很快进入梦乡。"

（5）改变自己的思考方向

大部分人可能会有这样的经历：一天下来，你感到不大开心，但突然有人对你说："我们出去逛逛吧？"还记得当时的心情是怎样豁然开朗起来的吗？改变思考方向，心情也会轻松起来。

3. 哪里有怒气，哪里就有冲突

现代社会中，人们的精神日益紧张，心理负荷不断增加，也变得更加脆弱易怒。有的人很容易激怒，一触即发；有的人永远一副受气包的模样，实际上是把愤怒压在心底；有的人在这里受了气，却到别处发泄；有的人明明是自己错了，却先冲人发火，转嫁责任……对于愤怒，不同的人有不同的处理办法。

愤怒就像是压力锅中的蒸汽，不发泄出来就会不停地郁积，直至爆炸。因此，消除愤怒、缓解压抑的情绪是对身心健康十分重要的事情。

有个年轻的庄稼汉，每次与人发生纠纷快要起冲突时，他便立刻冲出现场，回到自家田园旁，绕着田地房舍左跑三圈右跑三圈，跑得气喘吁吁，然后一屁股坐在家门前静坐沉思。次数多了，大家都很好奇，询问他这到底是怎么一回事。他每次都笑而不答，众人也理不出头绪。由于他鲜少与人结怨，或者对人大发脾气，因此人缘甚佳，样样事情都很顺利，房子一间一间地增建，田地一直不断扩充，不到几年，已是富甲一方的大亨。可是每次遇到不愉快的事，他仍转身就走，跑回自己的家园左绕三圈右绕三圈。后来年纪一大把了，子孙们不忍见他如此疲累，纷纷劝阻并一再请求他说明个中原因。拗不过大家的苦苦哀求，庄稼汉终于揭开数十年来的秘密。

秘密其实很简单。年轻时每次想要发火的时候，不管谁是谁非，庄稼汉总是跑回家，边跑边告诉自己："我的房屋如此简陋，田地这么少，努力都还来不及，那来闲工夫与人生气争吵？"等到有了点成就，庄稼汉又这样告诉自己：

"我的事业都这么大了，还为这么一点小事与人争斗，肚量也未免太小了吧！老天爷已对我这么宽厚，我还计较什么，气愤什么呢？"就这样，一股即将发出的怒气，被他轻轻一转就消失得无声无息。等到庄稼汉老了的时候，他就这样对自己说："我现在是子孙满堂，家庭和睦，富甲一方，应该是享福的时候了，我还要跟别人计较什么呢？"

你如何处理你的愤怒情绪？如果那是长年不断、随时会爆发的常态行为，那么你应该用理性的态度来面对它。让它发泄出来，或与对方讨论，找出原因，不要用偏激的方法来处理它。

有个淘气的小男孩名叫阿朵，今年8岁。他个性很强，对人很暴躁，经常发脾气，骂人，扔东西。家里人常常教训他，他有时也承认这样做不好，但就是改不了。

后来，阿朵的父亲想了一个办法。他对儿子说："孩子，你脾气不好，常常骂人，是因为你心里有气，现在我给你一包钉子，一把锤子，你每发一次脾气，就在门口的围栏上钉上一颗钉子，这样就可以把气排出去了。孩子接受了父亲的意见，每发一次脾气就钉上一颗钉子。"

有一天他发了8次脾气，就钉了8颗钉子；第二天发了10次脾气，加上与人吵架两次，于是钉了12颗钉子……如此一个月下来，他钉在围栏上的钉子已经有100多颗。这时，孩子觉得钉这么多钉子很累、很麻烦，就逐渐减少发脾气的次数，钉钉子的数目也相应减少了，有时甚至每天只钉一颗，自己反而觉得舒服多了。最后他竟完全不发脾气了，因而每天都不用钉钉子。

孩子把这情况告诉了父亲，父亲表扬了他的进步，但又交给他一个任务："你以后如果整天都不发脾气，你就用铁钳拔掉一颗钉子。"孩子又照着去做。结果，经过一段很长的时间，孩子把所有的钉子都拔掉了。他又高兴地告诉父亲，父亲又表扬了他，说："孩子，你能这样做，我太高兴了。但是，请你细心看看那围栏上的木条，出现了多少伤痕。每颗钉子钉过的洞都留在那里，永远不能平复啊！这正如你过去发脾气骂人一样。你每骂一次别人，就好比在他的心上钉上一颗钉子，后来虽然把钉子拔掉了，但留在他心上的伤痕还存在啊！"孩子听后完全醒悟了，对自己过去常常发脾气十分后悔，从此变成一个好孩子。

愤怒会伤害人的感情，影响、破坏团结。生活中，哪里有怒气，哪里就有冲

上辑　宽心的智慧

突。发怒时说出过激的语言，做出无礼的举动，会导致人与人之间的感情产生裂痕，破坏人际间亲密融洽的关系。

4. 微笑是冬日里的一抹阳光

不管你做什么职业，处于什么地位，多付出一个微笑，就可以多得到一分温暖，多化解一场冲突，多避免一些尴尬。一位作家曾说过，"笑，就是阳光，它能消除人们脸上的冬色"。一个简简单单的微笑，能够融化人与人之间的冰山，可以消除人与人之间的隔膜，它就像是寒冷冬日里的那一抹阳光，给予我们温暖。

张美是一家航空公司的空姐，虽然她一直勤勤恳恳的工作，对乘客也是万般的细心，可是还是会有意外发生。

有一次，飞机才刚刚起飞，一位乘客就要求张美给他倒一杯水，因为他要吃药。张美很有礼貌地说："先生，为了您的安全，请稍等片刻。等飞机进入平稳飞行后，我会立刻把水给您送过来，好吗？"

十几分钟过去后，飞机早已进入了平稳飞行状态。突然，乘客服务铃急促地响了起来，张美猛然意识到：糟了，由于之前太忙了，她竟然忘记了给那位乘客倒水！当张美来到客舱，看见按响服务铃的果然是刚才那位乘客时，她小心翼翼地把水送到那位乘客跟前，面带微笑地说："先生，实在对不起，由于我的疏忽，延误了您吃药的时间，我感到非常抱歉。"这位乘客抬起左手，指着手表说道："这到底是怎么回事，有像你这样为客人服务的吗？"张美手里端着水，心里感到很委屈。但是，无论她怎么解释，这位挑剔的乘客都不肯原谅她的疏忽。

在接下来的飞行途中，为了弥补自己的过失，每次去客舱给乘客服务时，张美都会特意走到那位乘客面前，面带微笑地询问他是否需要水，或者别的帮助。然而，那位乘客余怒未消，不再理睬她。

临到目的地，那位乘客要求张美把留言本给他送过去。很显然，他要投诉张美。此时，张美心里虽然很委屈，但是仍然不失职业道德，非常有礼貌，而且面带微笑地说道："先生，请允许我再次向您表示真诚的歉意，无论您提出什么意见，我都将欣然接受您的批评！"那位乘客脸色一紧，嘴巴准备说什么，可是却没有开口。他接过留言本，开始在本子上写了起来。

张美本以为这下完了。没想到，等到飞机安全降落，所有的乘客陆续离开后，她打开留言本，却惊奇地发现，那位乘客在本子上写下的并不是投诉信，而是一封热情洋溢的表扬信。

是什么使这位挑剔的乘客最终放弃了投诉呢？在信中，张美读到这样一句话："在整个过程中，你表现出的真诚的歉意，特别是你的12次微笑，深深打动了我，使我最终决定将投诉信写成表扬信！你的服务质量很高，下次如果有机会，我还将乘坐你们这次航班！"

这位挑剔的顾客最终降服在张美的12次微笑中，因为她的那12次微笑，深深地打动了他的心，使他将投诉信改写成了表扬信。可见，微笑的力量有多么大。它虽然只是一个面部表情，但它就像春天里和煦的微风，能吹散人与人之间的隔阂。

5. 为了健康，避免生气

人生难免有虚假，有丑陋，有邪恶，有不平，有无理的事情出现，于是生怒气、生闷气、生闲气、生怨气……殊不知，生气不但无助于问题的解决，反而会使本来不如意的事情更加不如意。更严重的是，生气会严重地损害我们的身心健康。

院子里，一只黑毛公鸡和一只白毛公鸡为争夺一条青虫大打出手，双方苦战了几十个回合。

突然，黑毛公鸡腾地从地上飞起，又向下俯冲，并用嘴牢牢地啄住了白毛公鸡的鸡冠子，身子一并稳稳地骑压在白毛公鸡身上。白毛公鸡只好俯首称臣。

当白毛公鸡看到黑毛公鸡叼着那条青虫去向一只花母鸡大献殷勤时，变得非常愤怒，但惧于黑毛公鸡的威慑，只得用爪子不停地抓挠地面，表达自己的愤怒。当白毛公鸡怒气消停时，却悲哀地发现自己的爪子被地上的石子划破了，漂亮的羽毛也掉了好几根。

上面的寓言讲的虽然是动物界的事情，但也反映了人类大多数时候的情景。在生活和工作中，我们不也是像那只白毛公鸡一样常常会为一些小事而生气吗？许多人由于在社会、家庭及工作中产生各种矛盾，总会心生不悦，整日愁眉苦脸，郁郁寡欢，看什么都不顺眼，甚至怒火中烧。但是，生气就能解决问题吗？当然不能！生气不但解决不了任何问题，天长日久，一些疾病还会乘虚而入，不请自来！

（1）伤肤

生气时，血液大量涌向头部，血液中的氧气会减少，毒素增多。而毒素会刺激毛囊，引起毛囊周围程度不等的炎症，从而出现色斑。

（2）伤脑

大量血液涌向大脑，会使脑血管的压力增加。这时血液中含有的毒素最多，氧气最少，对脑细胞不亚于一剂"毒药"。

（3）伤胃

生气会引起交感神经兴奋，并直接作用于心脏和血管上，使胃肠中的血流量减少，蠕动减慢，食欲变差，严重时还会引起胃溃疡。

（4）伤心

大量的血液冲向大脑和面部，会使供应心脏的血液减少而造成心肌缺氧。心脏为了满足身体需要，只好加倍工作，于是心跳变得不规律，严重时还可能致命。

（5）伤肝

生气时，人体会分泌一种叫"儿茶酚胺"的物质，作用于中枢神经系统，使血糖升高，脂肪酸分解加强，血液和肝细胞内的毒素相应增加。

（6）伤肾

人若经常生气，可使肾气不畅，导致闭尿或尿失禁。

（7）伤肺

情绪冲动时，呼吸就会急促，甚至出现过度换气的现象。肺泡不停扩张，没时间收缩，也就得不到应有的放松和休息，从而危害肺的健康。

（8）引发甲亢

生气令内分泌系统紊乱，使甲状腺分泌的激素增加，久而久之会引发甲亢。

（9）损伤免疫系统

生气时，大脑会命令身体制造一类由胆固醇转化而来的皮质固醇。这种物质如果在体内积累过多，就会阻碍免疫细胞的运作，使身体的抵抗力下降。

生气不仅对我们身体产生不利影响，对我们心理也会产生负面作用。生气时，我们做事易冲动，事后往往会让自己后悔不已；生气时，由于情绪不稳定，我们处理问题容易失去理智，往往会作出错误的决定；生气时，往往会因控制不住自己而把别人当作出气筒，结果影响人际关系。

生气有这么多的害处，你还会动不动就为了一点小事而生气吗？也许你会说，生气是不由自主的，谁也控制不了。

其实不然，美国心理学家欧廉·尤里斯教授就提出了使人平心静气的三项法则："首先降低声音，继而放慢语速，最后胸部挺直。"降低声音、放慢语速都可以缓解向上的爆发力，给大脑时间让情绪退潮；而胸部挺直则可以淡化紧张的气氛，这是因为情绪激动时人们通常都会身体向前倾，从而使自己的脸更接近对方，形成咄咄逼人的气势，挺直胸部不仅可以拉大与别人的距离，自己的肺部也会吸入更多的氧气来帮助大脑工作。基于同样的原理，愤怒的时候先做深呼吸，努力闭会儿嘴也有不错的效果。

6. 善良：感化心灵的良药

善良是种可贵的美德，有时你的举手之劳，有可能会改变你或他人的一生。法国作家雨果曾经说过，最高的圣德就是为旁人着想，它不需要回报，但自会有回报。

苏格兰农夫弗莱明家里特别穷苦。一天，当他在田里工作时，听到附近的泥沼里传来阵阵小孩的呼叫声。于是，他立刻放下农具，跑到泥沼边，把小孩救了起来。

第二天，一辆崭新的马车停在弗莱明家，从马车里走出来一位优雅的绅士。他自我介绍说是那位被弗莱明所救的小孩的父亲。绅士说："我要好好地报答你，是你救了我的儿子。"弗莱明说："我不是因为想要你的报答才救你的儿子，所以我也不能因为救了孩子而接受你的报答。"

就在这时，弗莱明的儿子从屋外走进来。绅士问道："这是你的儿子吗？"弗莱明骄傲地回答："是的。"绅士说："那好，既然你不接受我的报答，那我们就来签一个协议吧！我带走你儿子，并让他接受好的教育。假如他像你一样，将来就一定会成为一位令你骄傲的人。"

弗莱明想了想，答应了绅士的要求。后来，弗莱明的儿子从圣玛利亚医学院毕业，成为举世闻名的弗莱明·亚历山大爵士，也就是盘尼西林（青霉素）的发明者。他在1944年受封骑士爵位，且获得诺贝尔奖。

数年后，绅士的儿子染上了肺炎，是盘尼西林救活了他的性命。那位绅士是上议院议员丘吉尔，他的儿子是英国政治家丘吉尔爵士。

谁也没有想到，弗莱明的一个小小的善良举动，竟然给世界带来了如此重大的变化。

人一旦拥有一颗善良的心，就会变得善解人意，具有丰富的感情。一滴水珠的回报是一根绿油油的小草，一块泥土的回报是一朵色彩绚丽的花或一枚甜在心头的果实。善良如同珍珠，你把它串起来，戴在身上，它便会闪光。

7. 把自己融入身边的大世界

当天空下着丝丝小雨时，你是否会因为这场雨耽误了你的行程而懊恼？当风雨过后，你是否会因为看到一束彩虹而欣喜？可是为什么太多的人愿意整日生活在自己孤单的小世界里，而不愿意把自己融入身边的大世界里呢？

一个人如果永远封闭在已经熟悉的环境和空间中，就只会让自己安于现状，满足于自认为安逸的生活，就像黑暗永远与七彩的天空无缘相识。

一阵细腻的春雨之后，透过薄薄的一层膜，两只蝶蛹好奇地窥视着外面五彩斑斓的世界。

"太美了，外面的世界真漂亮！"一只蝶蛹禁不住赞叹道，"我多么渴望快快飞出去呀！""我才不想呢，"另一只蝶蛹说，"前天，暴雨突然降临的时候，蜂呀，蝶呀，到处找藏身的地方。装扮得再艳丽，被风吹雨打之后，又有什么值得羡慕呢？""可是……"第一只蝶蛹说，"毕竟风和日丽的日子多过暴风雨呀！"

"风和日丽就太平了吗？"第二只蝶蛹不以为然地说，"昨天，有两只青蛙进了蛇的肚子，一只黄莺被石子击伤……这些，你都忘了吗？""可是，在小小的蝶膜里，这样一动不动地蜷缩着，看到的只是一小处的风景，有什么好呢？""你呀，真是身在福中不知福，"第二只蝶蛹教训道，"除了蝶蛹，哪里还有这么好的居所？别看蝶膜里这么小，但它安全，保险，而且绝对纯净，没有污染……"第一只蝶蛹沉默了一会儿，然后说："不管怎样，我一定要飞出去。"

几天之后，一阵大风把一只干瘪的蝶膜吹到火里，而此时，天空中有一只美丽的蝴蝶，在风中翩翩飞舞。

社会是一个大家庭，在这个大家庭里，每天都在发生着不同的故事。也许有很多的烦恼事，会让你忧心不已，因而你便将自己束缚在你的天空里。也许那里很宁静、祥和，可外面的大千世界，让你感觉到的，是另外一番风味。天空晴朗，阳光灿烂，听鸟儿欢歌起舞。不能再犹豫了，风雨过后，你的烦恼就不会再是烦恼。因为，抬眼望去，你会看到很多很多美丽的东西。

8. 微笑着对待生活

人活在世上，会遇到许许多多的烦恼。乐观者在面对烦恼时，总在做一个更坏的假设和事实对比，因而他们总是能看到更好的一面；而悲观者总是觉得今不如昔，所以烦恼总是更多。

一个乐观者和一个悲观者在一起聊天。

"假如你一个朋友也没有，你还会高兴吗？"悲观者问道。

"当然，我会高兴地想，幸亏我没有的是朋友，而不是我的生命。"

悲观者问："假如你正行走，突然掉进一个泥坑，出来后你成了一个脏兮兮的泥人，你还会快乐吗？"

"当然，我会高兴地想，幸亏掉进的是一个泥坑，而不是无底洞。"

悲观者问："假如你被人莫名其妙地打了一顿，你还会高兴吗？"

"当然，我会高兴地想，幸亏我只是被打了一顿，而没有被他们杀害。"

悲观者问："假如你在拔牙时，医生错拔了你的好牙而留下了患牙，你还高兴吗？"

"当然，我会高兴地想，幸亏他错拔的只是一颗牙，而不是我的内脏。"

悲观者问："假如你正在打瞌睡时，忽然来了一个人，在你面前用极难听的嗓门唱歌，你还会高兴吗？"

"当然，我会高兴地想，幸亏在这里嚎叫的是一个人，而不是一匹狼。"

悲观者问："假如你的妻子背叛了你，你还会高兴吗？"

"当然，我会高兴地想，幸亏她背叛的只是我，而不是我们的国家。"

悲观者问："假如你马上就要失去生命，你还会高兴吗？"

"当然，我会高兴地想，我终于高高兴兴地走完了人生之路，让我随着死神，高高兴兴地去参加另一个宴会吧。"

悲观者问："这么说，生活中没有什么事是可以令你痛苦的。你认为生活永远是快乐组成的一连串乐符吗？"

"是的，凡事只要多往好处想，你就会在生活中发现和找到快乐。因为痛苦往往是不请自来的，而快乐和幸福往往需要人们去发现，去寻找。"乐观者快乐地说道。

生活就是一面镜子，你对它笑，它就对你笑；你对它哭，它就对你哭。不管我们的生活中有多少不幸和挫折，我们都应以欢悦的态度微笑着面对生活。

经典小测试：你的胸襟足够宽广吗

测试攻略

测试意义：★★★★

准确指数：★★★

测试时间：15分钟

测试情景

一个人的胸怀有多大，眼界就有多宽；胸怀有多窄，眼界和意识就有多狭隘。而没有意识到这个问题的人，往往就无法了解胸怀对一个的帮助有多大！

测试问答

1. 某些人或事是否很容易使你心情不快？

　　A.是　　B.不知道或都有可能　　C.不是

2. 你是否对诸如地铁里有人不敬地盯着你或袖子沾上汤汁之类的小事长时间懊恼？

　　A.是　　B.不知道或都有可能　　C.不是

3. 你是否对所受的委屈一直耿耿于怀？

　　A.是　　B.不知道或都有可能　　C.不是

4. 你是否经常不愿跟人说话？

    A.是   B.不知道或都有可能   C.不是

5. 你在做重要工作时，旁人的谈话或噪音是否会让你分心？

    A.是   B.不知道或都有可能   C.不是

6. 你是否会长时间分析自己的心理感受和行为？

    A.是   B.不知道或都有可能   C.不是

7. 你在做决定时是否经常会受当时情绪的影响？

    A.是   B.不知道或都有可能   C.不是

8. 夏天的夜晚你是否会被蚊虫折腾得心烦意乱？

    A.是   B.不知道或都有可能   C.不是

9. 你是否受过自卑心理的折磨？

    A.是   B.不知道或都有可能   C.不是

10. 你是否时常情绪低落？

    A.是   B.不知道或都有可能   C.不是

11. 在与人争论时，你是否无法控制自己的嗓门，导致说话声音太高或太低？

    A.是   B.不知道或都有可能   C.不是

12. 是不是连可口的饭菜或喜剧片都无法让你低落的情绪好起来？

    A.是   B.不知道或都有可能   C.不是

13. 你是否容易发怒？

    A.是   B.不知道或都有可能   C.不是

14. 与别人谈话时，如果对方怎么也弄不明白你的意思，你会不会发火？

    A.是   B.不知道或都有可能   C.不是

测试解析

评分标准："是"加0分；"不知道或都有可能"加1分；"不是"，加2分。

23～28分，是个宽容的人。

你一定是个心胸开阔的人。你的心理状态相当稳定，能够驾驭生活中的各种情况。你给人的印象很可能是独立、坚强，甚至还有点"脸皮厚"。但你不必在意，大家都羡慕你呢！

17～22分，比较有宽容之心。

你心胸不够开阔。你可能比较容易发火，向使你受委屈的人说一些不该说的话。你会导致单位和家庭中出现矛盾，之后你可能又会后悔，因为你人不坏，心肠也不硬。你要学会控制自己，事先尽量多想想，考虑清楚，然后再对委屈你的人予以坚决的回击。

0～16分，心胸狭窄的类型。

你心胸狭窄！多疑，计较，睚眦必报，对别人态度的反应是病态的。这是严重的缺点，对你的生活不利。需要尽快进行自我教育。

测试点拨

胸怀宽广不会令我们失去什么，所以我们应该对人抱有宽容之心。人生要学会宽容，首先要能容人言，要学会从人言中进行"中和"和"补偿"，以维持一种心理的平衡；其次要善于分析，设身处地理解别人。宽容的最高境界就是善于发现、培养、发挥他人的长处。

第二章　宽容别人，善待自己
——心宽是一种处世的智慧

心宽是一种处世的智慧。人与人之间需要宽容、需要理解。宽容是催化剂，可以消除隔阂，减少误会，化解矛盾；宽容是润滑剂，能调节关系，减少摩擦，避免碰撞；宽容是清新剂，会令人感到舒适，感到温馨，感到自信，感到世界的美。宽容是一把成功的密钥，是一剂治疗心伤的良方，是给自己的一点甜蜜。

1. 宽容是一种美德

宽容实在是一种大度、一种涵养。心胸狭窄的人不可能宽容别人，而惯于斤斤计较；见利忘义的人也不可能宽容别人，只求索取而喋喋不休。真正的宽容，是一种积极的生活态度和高品位的道德观念。

宽容可以使人达到健康、乐观的状态。宽容的人，心胸宽广，能以一种积极乐观的态度和豁达的胸襟来看待周围的一切。宽容的人从不会因为别人的过错而大发雷霆，所以与这种人沟通、交流起来很容易。

一天，有一个身材高大魁梧的人走在库法市场上。他的脸晒得非常黑，而且还遗留着战场上的痕迹。有一个商人正坐在自己的商店中，看到那个高大的人走来，便想逗他的伙伴们发笑，以显示一下自己搞笑的本领。于是，他把垃圾扔向那个过路人。但那个过路人并没有因此发怒，而是继续迈着稳健的步伐朝前走去。当他走远以后，旁边的人对那位商人说："你知道刚才你侮辱的人是谁吗？"

"每天有成千上万的人从这里经过，我哪有心思去认识他呀？难道你认识这人？"

"你连这人都不认识！刚才走过去的就是著名的军队首领——马力克·艾施图尔·纳哈尔。"

"是真的吗？他是马力克·艾施图尔·纳哈尔！就是那个不但让敌人听到他的声音就四肢发抖，连狮子见到他都会胆战心惊的马力克吗？"

"对，正是他。"

商人惊恐地说："哎呀！我真该死，我竟做了这样的傻事，他肯定会下令严厉的惩罚我，我赶紧去追上他，向他求救，求他饶了我这一回。"

说完商人就朝着马力克所去的方向追去。当马力克拐进了清真寺时，这个商人便跟着进了清真寺。等马力克礼拜完后，商人走到他跟前低着头说道："对不起，我是刚才对你不礼貌的那个人。"

马力克对那名商人说："原先我不是来清真寺的，但我看到你太无知、太迷误，无缘无故的伤害过路人，为了你我才来这里的。我为你而痛心，所以，我想祈求真主，让他引导你走正道，并没有想要严惩你。"

生命是短暂的，宽容却是无尽的。富有宽容之心的人，必将得到应有的回报，受到别人的宽容。

春秋时，楚庄王有一次和群臣宴饮。当时是晚上，大殿里点着灯，正当大家喝得酣畅之时，突然灯烛灭了。这时，庄王身边的美姬"啊"地叫了一声。庄王问："怎么回事啊？"美姬对庄王说："大王，刚才有人非礼我。那人趁着烛灭拉我的衣襟。我扯断了他的帽子上的系缨，现在还拿着。你赶快点灯，抓住这个断缨的人。"庄王听了，便说道："是我赏赐大家喝酒，酒喝多了，有人难免会做些出格的事，没什么大不了的。"于是，他命令左右的人说："今天大家和我一起喝酒，如果不扯断系缨，说明他没有尽兴。"群臣一百多人马上扯断了系缨，继续热情高昂的饮酒，尽兴而散。

过了3年，楚国与晋国打仗，有一位将军常常冲在前面，英勇无敌。战斗胜利后，庄王感到好奇，忍不住问他："我平时对你并没有特别的恩惠，你打仗时为何这样卖力呢？"他回答说："我就是那天夜里被扯断系缨的人，是您宽容了我的鲁莽，我非常感激您。"

拿得起，放得下，是一份从容，是力量的标志。当然，能真正做到宽容的，是那些心地善良、富有爱心、胸怀豁达、志趣高远的人，是那些有良好修养的人。

2. 宽容更是一种智慧

一个人的名望、地位能被替代，而一个人的举止气质则不可以替代。荀子告诉人们，长者的风范是这样：所戴的帽子高大，衣服宽敞，面色温和，庄庄重重的，严严肃肃的，宽宽舒舒的，大大方方的，开开脱脱的，明明朗朗的，坦坦荡荡的。名相张廷玉有长者的风范，"千里来信为堵墙"之事，为后人留下了一个美好的传说。俗话说："若要好，大让小。"对一些小事或意气之争听而不闻，付之一笑，有这种气度，就显示出君子的风度来。

在美国一个市场里，有个中国妇人的摊位生意特别好，引起其他摊贩的嫉妒，大家常有意无意地把垃圾扫到她的店门口。

这个中国妇人只是宽厚地笑笑，不予计较，反而把垃圾都清扫到自己的角落。旁边卖菜的墨西哥妇人观察了她好几天，忍不住问道："大家都把垃圾扫到你这里来，你为什么不生气？"

中国妇人笑着说："在我们国家，过年的时候，都会把垃圾往家里扫，垃圾越多就代表会赚很多的钱。现在每天都有人送钱到我这里，我怎么舍得拒绝呢？你看我的生意不是越来越好吗？"

从此以后，那些垃圾就不再出现了。

宽容不是迁就，也不是软弱，而是一种充满智慧的处世之道。中国妇人用宽容宽恕了别人，也为自己创造了一个融洽的人际环境，这种化诅咒为祝福的智慧确实令人惊叹。

以一种博大的胸怀和真诚的态度宽容别人，就等于送给了自己一份神奇的礼物。任何担心这样做会引起混乱或被认为是示弱行为或怕丢面子的想法都是不正确的，几乎所有这样的担心都是多余的，没来由的。

清朝康熙年间的某一天，一骑快马跑进宰相府。并不是天下出了什么大事，而是宰相张廷玉收到一封来自安徽桐城老家的信。

原来，他们家与邻居叶家发生了地界纠纷。两家大院的宅地，大约都是祖上的产业，时间久远了，本来就是一笔糊涂账。两家的争执顿起，公说公有理，婆说婆有理，谁也不肯相让一丝一毫。由于牵涉到宰相大人，官府都不愿沾惹是非，纠纷越闹越大，张家只好把那件事告诉张廷玉。

张廷玉阅过来信，只是释然一笑。旁边的人面面相觑、莫名其妙。只见张大人挥起大笔，一首诗一挥而就："千里家书只为墙，让他三尺又何妨。万里长城今犹在，不见当年秦始皇。"他将这首诗交给来人，命快速带回老家。

家里人一见书信回来，喜不自禁，以为张廷玉一定有一个强硬的办法，或者有一条锦囊妙计，但家人看到的只是一首打油诗。后来一合计，确实也只有"让"这唯一的办法，房地产是很可贵的家产，但争之不来，不如让三尺看看。于是他们立即动手将垣墙拆让三尺。大家交口称赞张廷玉和他的家人的旷达态度。

对方宰相肚里能撑船，咱们也不能太落后。宰相一家的忍让行为，感动得叶家人热泪盈眶。全家一致同意也把围墙向后退三尺。这样，张叶两家的院墙中间，就形成了六尺宽的巷道，成了有名的"六尺巷"。张廷玉失去的是祖传的几分宅基地，换来的却是邻里的和睦及流芳百世的美名。

现实生活中，我们亲朋邻里同事之间，有时也会因一点小摩擦便互不相让，甚至横刀相向。但试想一下，与我们的生命相比，那些小小的矛盾又算得了什么呢？矛盾在永恒的时间面前显得多么脆弱和不堪一击！

"让他三尺又何妨"——当你面对矛盾与摩擦时，不妨想想这句话，它会帮你作出理性的选择！其实，只要当事人冷静下来，理智地对待，有一点宽容精神，再大的事情也会化干戈为玉帛的。"退一步海阔天空，让三分心平气和"。

但愿人与人之间多一分理解和宽容，少一分冲动和遗憾！

3. 忘掉不快，释放自己

一位名人曾说："也许在很久以前，有人伤害了你，而你却忘不了那件不愉快的往事，到现在还痛苦不堪，那就表示你还继续在接受那个伤害。其实你是无辜的。你要了解到，你并不是世界上唯一有这种经验的人。赶快忘掉这不愉快的记忆，只有宽恕才能释放你自己，让你松一口气。"

二战期间，一支部队在森林中与敌军相遇。激战后，两名战士与部队失去了联系。这两名战士来自同一个小镇。

两人在森林中艰难跋涉。他们互相鼓励、互相安慰。十多天过去了，仍未与部队联系上。这一天，他们打死了一只鹿，依靠鹿肉又艰难度过了几天。可也许是战争使动物四散奔逃或被杀光，这以后他们再也没看到过任何动物。他们仅剩下的一点鹿肉，背在年轻战士的身上。这一天，他们在森林中又一次与敌人相遇。经过再一次激战，他们巧妙地避开了敌人。

就在自以为已经安全时，只听一声枪响，走在前面的年轻战士中了一枪——幸亏伤在肩膀上！后面的士兵惶恐地跑了过来，他害怕得语无伦次，抱着战友的身体泪流不止，并赶快把自己的衬衣撕下包扎战友的伤口。

晚上，未受伤的士兵一直念叨着母亲的名字，两眼直勾勾的。他们都以为他们熬不过这一关了。尽管饥饿难忍，可他们谁也没动身边的鹿肉。天知道他们是怎么过的那一夜。第二天，部队救出了他们。

事隔30年，那位受伤的战士安德森说："我知道谁开的那一枪，他就是我的战友。当时他抱住我时，我碰到他发热的枪管。我怎么也不明白，他为什么对我开枪。但当晚我就宽容了他。我知道他想独吞我身上的鹿肉，我也知道他想为了他的母亲而活下来。此后30年，我假装根本不知道此事，也从不提及。战争太残酷了，他母亲还是没有等到他回来，我和他一起祭奠了老人家。那一天，他跪下来，请求我原谅他，我没让他说下去。我们又做了几十年的朋友，我宽恕了他。"

莎士比亚说："宽恕人家所不能宽恕的，是一种高贵的行为。"当我们看了以上的事例后，我们能不为他的大义之举感动吗？难道我们感觉不到他灵魂的高贵吗？如果没有比海洋和天空还浩瀚的胸襟，没有博大而深沉的爱，相信他是不会宽恕别人所不能宽恕的罪人的。宽恕生者比宽恕死者更需要理智与博大无私的爱，可是善良纯朴的人做到了，而且做得惊天地，泣鬼神。

集中营里，威森塔尔每天为德国人干活。这一天，他在休息的时候，一个护士向他走来，问他是不是犹太人。当获得肯定的回答后，护士示意威森塔尔跟她走。他们进了一栋大楼之后，来到一个房间。房间里有一张白色小床和一张小桌，床上躺着一个人。护士伏在床边对床上的人嘀咕了几句，然后就出去了。

威森塔尔看到躺在床上的人是一个伤势严重的德国士兵。看到威森塔尔，床上的士兵让他靠近，并拉住他的手表示，自己马上就要死了。士兵说："我知道这个时候，成千上万的人都在死去，到处都有死亡。死亡既不罕见也不特别。可是有一些经历折磨着我，我实在想把它们讲出来，否则我死也不得安宁。"原来，这位濒死的士兵是请那位护士去找一个犹太人来听自己死亡前的诉说，护士碰巧就找到了威森塔尔。

"我叫卡尔……我自愿加入了党卫队……我必须把一些可怕的事情告诉你……一些非人的事。这是一年前发生的事……"

这个士兵到了波兰，他执行过这样一个任务：把几百个犹太人赶进一个三层楼阁，并运来一卡车油桶搬进屋子。锁上门之后，一挺机枪对准了房门。"我们被告知一切就绪后接到命令，要我们从窗户把手榴弹扔进屋去。""我们听到里边人的惨叫声，看到火苗一层一层地舔食着他们……我们端起机枪，准备射击任何从火海里边逃出来的人。我看到二楼的窗户后边，有一个人抱着一个小孩儿。这人的衣服正在燃烧，他身边站着一位妇女，毫无疑问是孩子的母亲。他空出的一只手紧捂着孩子的眼睛……随即他跳到了街上。紧随其后，孩子的母亲也跳到了街上。随后，其他窗户也有很多浑身着火的人跳了出来……""我们开始射击……子弹一排一排打了出去……"

说到这里，这位濒死的人用手捂着绷带覆盖着的眼睛，似乎想从脑海中抹去这些画面，"我知道我给你讲的那些事是非常可怕的。在我等待死亡的漫长黑夜里，我希望把这事讲给一个犹太人听，希望能得到他的宽恕。""要是没有忏悔……我就不能死。我一定得忏悔。但是该怎样忏悔呢？只讲一堆没有应答的空话……"正如威森塔尔自己所说："毫无疑问，他是指我的沉默不言。可是我能说什么呢？"

这儿是一个濒死的人，一个不想成为凶手的凶手，一个在可怕的意识形态指导下成为凶手的人。他在向这样一个人悔罪，而这个倾听悔罪的人可能明天又会死于和他一样的凶手之下。所以，威森塔尔保持沉默，自始至终只是充当了一个听者。

当晚，那个士兵死去了。

"我是否该满足这个濒死士兵的心愿？"威森塔尔自己并非拿得准这个问

题。回来后，他和3个犹太同伴谈起过，他们一致认为威森塔尔做得对。但自此以后，威森塔尔头脑里老是有一幅画面——那个头上缠满绷带的党卫队员。"我已经断绝了一个临终的人最后的希望。我在这位濒死的纳粹身边保持沉默是对还是错？这是一个非常不好处理的道德问题。这个问题曾经冲击着我的心灵。"

1976年，威森塔尔终于把缠绕了自己30年仍然没有得到确切答案的问题诉诸文字，交给了读者。他在结束写作时，这样问道："亲爱的读者，你刚刚读完了我生命中这段令人忧伤的悲剧故事，你是否可以将心比心，设身处地地从我这个角度问一问你自己这样一个严酷的问题：'我要是遇到这样的事情，我会怎么做？'"

4. 把情感装入理性之盒

做人要低调，以和为本，"人和为宝""和气生财"，如果没有和气的人际环境做基础，一个人是不可能在社会上立足的。很多人因为理不顺人际关系而误人误己。《易经》中非常强调"和"字的重要性，所谓"天时地利人和"，深刻的表明了"人和"对于做人的重要价值。

善成大事者，能够控制个人情感，以和谐的人际关系为最佳的做人之本，因为他们懂得"惟和方法少麻烦"的道理。相反，有些人总是"狂傲不羁"，爱挑起事端，喜欢看到人与人之间摩擦起火。我们知道，人是情感动物，因此如何学会用理性控制情感——把情感装入理性之盒，就显得至关重要。成大事者是不会被情感左右的，因为他们牢记"和"字，力戒感情冲动。

战国时蔺相如是个善于控制情感的人，他巧妙地化解了廉颇对自己的怨恨，使赵国强大，"将相和"的故事传为美谈。

智勇双全的蔺相如，先在秦廷战胜了残暴的秦王，完璧归赵，不辱使命。后在渑池迫使秦王为赵王击缶，维护了赵国的尊严。凭借如此巨大的功绩，蔺相如被拜为上卿，地位超过了赵国宿将廉颇。这事惹恼了急躁刚直的廉老将军，他说："我出生入死，攻城野战，功勋卓著，才赢得眼下的高位。那蔺相如有何本领？他不过是摇唇鼓舌，和秦国打了两次交道罢了。他原来地位那样低贱，现今却官居我之上，我怎能咽下这口气？见到他，非羞辱一顿不可。"蔺相如听说这事，每逢上朝就经常推托有病，不肯和廉颇争位次先后。有时外出，远远见到廉颇的车马，蔺相如就急忙令人把车让到小巷子去。蔺相如的门客看到这些情况，颇为不解，纷纷说："我们仰慕您高尚的人品，才投到您的门下。现在您位居廉颇之上，他说出那样难听的话，您居然躲起来，害怕得不得了。对那种难听的话，平民百姓都难以忍受，何况像您这样的大臣呢？我们没什么本领，请允许我们辞别吧！"面对众门客激烈的言辞，怎么辩解呢？蔺相如先不做解释，故意岔开话题，问了一件似乎与此无关的事："你们看廉将军和秦王两人哪一个厉害？"

"廉将军当然不如秦王！"众门客异口同声地回答。

"那么，秦王有那样大的威风，我敢在秦廷大声斥责他，还敢责骂他的文武高官，难道我会害怕廉颇吗？我所想的是：秦国之所以不敢发兵侵扰我们赵国，只是因为我和廉颇两人在罢了。现今两虎相斗，必有一伤。我这样避让廉将军，就是把国家的利益放在前面，而把私人的恩怨放在后面啊！"

众门客顿时领悟，由衷折服。这些话传到廉颇耳中，这位久经沙场的老将军羞惭不已，立即上蔺府"负荆请罪"，在历史上留下了一段美谈。

5. 用宽容治疗心中的毒瘤

在仇恨面前，宽容是最好的良药。只有将仇恨放下，才能活得轻松。充满仇恨的心只会让自己变得更狭隘。狭隘的心会蒙蔽你透明的双眼。删除心中的仇恨，才能使生命获得重生。放下仇恨，我们才能从内心深处感受到快乐；放下仇恨，才能还自己一个阳光明媚的未来。

在古代，有一位以画神像而著名的画家。一天，画家到集市去卖画。这时，他看到一位大臣的儿子在众人的前呼后拥中走来。画家看到这个小孩时，眼前一亮，因为这个人的父亲是他不共戴天的仇人。这个人在画家的作品前流连忘返，并且选中了其中的一幅神像画。这幅神像画画得栩栩如生，特别是那双眼睛放射出异样的光，就像一个真神跃然纸上。

画家见这个人如此喜欢这件作品，一时报复心起，连忙用布把画遮盖住，并声称这幅画不卖。无论对方出多高的价钱，他就是不肯卖。

自此，大臣的儿子因为对这幅画的日夜思念而变得憔悴不堪。最后那位大臣没有办法，只得亲自出面，表示愿意付出一笔高价来收藏那幅画。可是画家宁愿把这幅画挂在自己的画室，也不愿意出售。最后，大臣的儿子因得不到那幅喜爱的画郁郁而终。听到这个消息，画家丝毫没有悔过之心，心里甚至有几分得意。原来，这位大臣在年轻时曾经欺诈画家的父亲，使得老人因过度愤怒而死去。

画家有一个习惯，他每天早晨都要画一幅他信奉的神像。可是现在，他觉得这些神像与他以前画的神像一天比一天不同。他为此苦恼不已。他不停地找原因。直到有一天，他惊恐地丢下手中的画笔，跳了起来：他刚画好的神像的眼睛，竟然是那个大臣的儿子的眼睛，而嘴唇也是那么酷似，它似乎在对画家说话，而画家却听不清它说了些什么，耳畔久久回响的就是一句："这就是我的报复！……"

画家一把抓起画，将它撕得粉碎，并高喊："这就是我的报复吗？为什么我的报复却回报到我的头上来了呢？"

画家将仇恨报复在孩子的身上，将他活活地折磨死后，晚上能睡得安稳吗？报复最后却报复到了自己的头上，所谓冤冤相报何时了！唯有放下仇恨，才能让自己得到解脱。

在唐朝，有一位靠卖盐起家的商人，他非常富有。当他迈进70岁的高龄时，决定将产业分给自己的3个儿子。富商将孩子们叫到跟前，分别给了他们一笔资金，要他们去游历天下做生意。

出发的前一个晚上，富商把他的儿子们叫到房间里，对他们说："你们一年后要回到这里，告诉我你们在这一年内，所做过最高贵的事。我的财产不想分割，集中起来才能让下一代更富有。一年后，哪位能做到最高贵的事情，那么他就有资格得到我所有的财产！"

时光荏苒，一年过去后，3个孩子回到父亲跟前，汇报这一年来的所作所为。

大儿子说："在我游历期间，曾遇到一个陌生人，他十分信任我，将一袋金币交给我保管。后来他不幸过世，我将金币原封不动地交还他的家人。"

富商说："你做得很好，但诚实是你应有的美德，说不上是高贵的事情！"

二儿子接着说："我旅行到一个贫穷的村落，见到一个衣衫破旧的小乞丐，不幸掉进河里，我立即跳下马，奋不顾身地跳进河里救起那个小乞丐。"

富商说："你做得很好，但救人也是你应尽的责任，谈不上是高贵的事情！"

最小的儿子听完两个哥哥的叙述后，才迟疑地说："我有一个仇人，他千方百计地陷害我。有好几次，我差点死在他的手中。在旅行途中，有一个夜晚，我独自骑马走在悬崖边，发现我的仇人正睡在崖边的一棵树旁。我只要轻轻一脚，就能把他踢下悬崖。但我没这么做，我叫醒他，让他继续赶路。这实在不算做了什么大事……"

富商正色道："孩子，你完成了我所布置的任务。能帮助自己的仇人，是高尚而且神圣的事，而你做到了。我所有的产业将是你的。"

仇恨是副沉重的枷锁，它会缠得你喘不过气来。宽恕他人的过错，才能摆脱这副枷锁，获得自由。当我们学会宽恕别人，那么人生中就没有我们不能释怀的事情，当我们放下不必要的固执时，才能得到真正的解脱。

6. 善待他人就是善待自己

生活就像山谷回声，你付出什么，就得到什么；你耕种什么，就收获什么。帮助别人就是强大自己，帮助别人也就是帮助自己，别人得到的并非是你自己失去的。在一些人固有的思维模式中，一直认为要帮助别人，自己就要有所牺牲，别人得到了自己就一定会失去。比如你帮助别人提了东西，你就会耗费了自己的体力，耽误自己的时间。这种想法是错误的。其实很多时候帮助别人，并不意味着自己吃亏。如果你帮助其他人获得他们需要的东西，你也会因此而得到想要的东西，而且你帮助的人越多，你得到的也越多。

有这样一个故事：有一位一生行善无数的基督徒，在他临终前，有一位天使特地下凡来接引他上天堂。天使说："大善人，由于你一生行善，成就很大的功德，因此在你临终前我可以答应你完成一个你最想完成的愿望。"

大善人说："神圣的天使，谢谢你这么仁慈，我一生当中最大的遗憾就是：我信奉主一生，却从来没见过天堂与地狱究竟是什么样子。在我死之前，您可不可以带我到这两个地方参观参观？"

天使说："没问题，因为你即将上天堂，因此我先带你到地狱去吧。"大善人跟随天使来到了地狱，在他们面前出现一张很大的餐桌，桌上摆满了丰盛的佳肴。"地狱的生活看起来还不错嘛！没有想象中的悲惨嘛！"大善人很疑惑地问天使。

"不用急，你再继续看下去。"过了一会儿，用餐的时间到了。只见一群骨瘦如柴的饿鬼鱼贯入座，每个人手上拿着一双长十几尺的筷子。每个人用尽了各种方法，尝试用他们手中的筷子去夹菜吃。可是由于筷子实在是太长了，最后每个人都吃不到东西。

"实在是太悲惨了，你们怎么可以这样对待这些人呢？给他们食物的诱惑，却又不给他们吃。""你真觉得很悲惨吗？我再带你到天堂看看。"到了天堂，同样的情景，同样的满桌佳肴，每个人同样用一双长十几尺的长筷子。不同的是，围着餐桌吃饭的是一群长得白白胖胖的可爱的人。他们同样用筷子夹菜。不同的是，他们喂对面的人吃菜。而对方也喂他吃菜。因此每个人都吃得很愉快。

可见，与人为善是我们在寻求幸福、寻求成功的过程中必须遵守的一条基本准则。在当今这样一个合作的社会中，人与人之间更是一种互动的关系。我们只有先去善待别人，善意地帮助别人，才能处理好人际关系，从而获得他人的愉快合作。

孟子曾经说过："君子莫大乎与人为善。"那些慷慨付出、不求回报的人，往往容易获得成功。而那些自私吝啬、斤斤计较的人，不仅找不到合作伙伴，甚至有可能成为孤家寡人。有的人会问："怎样才算与人为善呢？"与人为善说起来很简单，做起来却不是一件容易的事，它包括相当广泛的内容。如：关心他人，当朋友遇到困难的时候，主动伸出友谊之手；尊重他人，不去探究他人的隐私，不在背后议论、批评他人；善于和别人沟通、交流，善于和那些与自己兴趣、性格不同的人交往；承认对方的价值和努力，对于错误要负起自己该负的责任……总的说来，善待他人的最重要原则就是"己所不欲，勿施于人"，凡事要从对方的角度来考虑。如果你能遵从这个原则，你将拥有许多朋友。

有人说，良好的人际关系不是行动上做出来的，而是从心底里"流"出来的。这句话很有哲理。它告诉我们，在人际交往中要以诚待人，事事以自己的心灵为准则，用"心"和他人交往。

有句话说得好："幸福并不取决于财富、权利和容貌，而是取决于你和周围人的相处。"你想做个幸福的人吗？那么就从与人为善开始吧！

戴尔·卡耐基曾在演讲中讲了这样一个动人的故事：

一个穷苦的小男孩，身着单薄的衣衫，被冻得瑟瑟发抖。他为了攒学费，不得不每天这样上街推销商品。一天傍晚，劳累了一整天的他感到十分饥饿，但摸遍全身，身上却只有一角钱。怎么办呢？他决定向下一户人家讨口饭吃。当一位美丽的女孩打开房门的时候，这个小男孩却有点不知所措了。他没有要饭，只乞求给他一口水喝。这位女孩看到他很饥饿的样子，就拿了一大杯牛奶给他。之后，小男孩问这需要多少钱，小女孩则回答说："妈妈教育我要对人施以爱，不必付一分钱。"小男孩十分感激地说："请接受我由衷的祝福吧！"说完男孩离开了这户人家。此时，他不仅感到自己浑身是劲，也感到自己将有美好的未来。他放弃了退学的念头，要把书继续念下去，一定要取得成绩。

转瞬间数年过去了，这位美丽的女孩得了重病，她被转到大城市由专家们会诊治疗。

当年的那个小男孩如今已是大名鼎鼎的霍华德·凯利医生了，他也参与了医治方案的制订。当他从病历上看到那女孩的来历，若有所感，就又转身去了病房。凯利医生一眼就认出床上躺着的病人就是那位曾帮助过他的恩人。他回到自己的办公室，决心一定要竭尽所能来治好恩人的病。后来，经过他精心的治疗，这个女孩竟然奇迹般地康复了。

凯利医生要求把医药费通知单送到他那里，在通知单的旁边，他签了字。当医药费通知单送到这位特殊的病人手中时，她不敢看，因为她确信治病的费用将会花去她的全部家当。最后，她还是鼓起勇气，翻开了医药费通知单，旁边的那行小字引起了她的注意，她还轻声读了出来：

"医药费——一满杯牛奶。霍华德·凯利医生，"她叫起来，"原来是他——数年前的小男孩。"

在现实生活中，这种所谓的"因果报应"只不过是心存感激的受惠者对施惠者的一种报偿而已。善待他人，就是善待自己，这会使别人和你更加幸福美满。

7. 得饶人处且饶人

古人云："冤冤相报何时了，得饶人处且饶人。"这是一种宽容，一种博大的胸怀，一种不拘小节的潇洒，一种伟大的仁慈。为人处世，当以宽大为怀。生活在相互宽容的环境中，是人生的幸福，会使你忘却烦恼，忘却痛苦。

宽容是一种处世哲学，宽容也是人的一种较高的思想境界。学会宽容别人，也就懂得了宽容自己。

一女子在行路中吐口痰，结果风把痰刮到一个小伙子的裤子上了。该女子看到后慌忙道歉，并从包里掏出面巾纸要擦去小伙子裤上的痰，但小伙子恼怒的不肯让她擦，并声言："你给我舔去！"女子再三赔礼："对不起！对不起！让我给你擦去好吗？"但他执意不让她擦，就是让她舔去。这样争执下去，街上围上看热闹的人越来越多，有的跟着起哄。女子怎么"对不起"也不能让小伙子原谅她，非让她舔去不可。最后女子大怒，从包里掏出一沓钱来，大约有一两千元，当场喊道："大家听着，谁能把这个家伙当场摆平了，这些钱就归谁！"话音刚落，人群中闪出两个健壮的男人，对着那不依不饶的小伙子就是一阵拳脚。小伙子被踢翻在地，不知东南西北。等他站起来找那女子时，那女子和打他的人早已无影无踪……

不给别人留台阶，最后自己也会没有台阶可下。所以，做人要得饶人处且饶人，给人留个台阶，也是给你自己留条退路。

人不讲理，是一个缺点；人硬讲理，是一个盲点。理直气"和"远比理直气"壮"更能说服和改变他人。

一位高僧受邀参加素宴，席间，发现在满桌精致的素食中，有一盘菜里竟然有一块猪肉。高僧的随从徒弟故意用筷子把肉翻出来，打算让主人看到，没想到高僧却立刻用自己的筷子把肉掩盖起来。一会儿，徒弟又把猪肉翻出来，高僧再度把肉遮盖起来，并在徒弟的耳畔轻声说："如果你再把肉翻出来，我就把它吃掉！"徒弟听到后才再也不敢把肉翻出来。

宴后高僧辞别了主人。归途中，徒弟不解地问："师傅，刚才那厨子明明知道我们不吃荤的，为什么把猪肉放到素菜中？徒弟只是要让主人知道，处罚处罚他。"

高僧说："每个人都会犯错误，无论是有心还是无心。如果让主人看到了菜

上辑 宽心的智慧

· 29 ·

中的猪肉，盛怒之下他很有可能当众处罚厨师，甚至会把厨师辞退。这都不是我愿意看见的，所以我宁愿把肉吃下去。"待人处事固然要"得理"，但绝对不可以"不饶人"。留一点余地给得罪你的人，不但不会吃亏，反而还会有意想不到的惊喜和感动。每个人的价值观、生活背景都不同，因此生活中出现分歧在所难免。大部分人一旦身陷斗争的漩涡，便不由自主地焦躁起来。一方面为了面子，一方面为了利益，因此一得了"理"便不饶人，非逼得对方鸣金收兵或投降不可。

然而，"得理不饶人"虽然让你吹响了胜利的号角，却也是下一次争斗的前奏。因为对方虽然"战败"了，但为了面子或利益，他自然也要"讨"回来。

在日常生活中要切记：留一点余地给得罪你的人，给对方一个台阶下，得理饶人。否则，你不但消灭不了眼前的这个"敌人"，还会让身边更多的朋友疏远你。俗话说，得饶人处且饶人。放对方一条生路，给对方一个台阶下，为对方留点面子和立足之地。这样做并不是很难，而且如果能做到，还能给自己带来很多好处。如果你得理不饶人，让对方走投无路，就有可能激起对方"求生"的意志，而既然是"求生"，就有可能不择手段，不顾后果，这将对你自己造成伤害。放他一条生路，他便不会对你造成伤害。在别人理亏时，你在理已明了的情况下，放他一条生路，他会心存感激；就算不如此，也不太可能与你为敌，这是人的本性。得理饶人，也是为自己留条后路。

要做到忍让，就必须具有豁达的胸怀，在为人处世、待人接物时，不能对他人要求过于苛刻，应学会宽容、谅解别人的缺点和过失。要做到这一点，就要有气量，不能心胸狭窄，而应宽宏大度。特别是在小事上，如果宽大为怀，尽量表现得"糊涂"一些，便容易使人感到你通达世事人情。

一位住在山中茅屋修行的禅师，有一天趁夜色到林中散步。在皎洁的月光下，他突然开悟了。他走回住处，眼见到自己的茅屋遭小偷光顾。找不到任何财物的小偷要离开的时候在门口遇见了禅师。原来，禅师怕惊动小偷，一直站在门口等待，他知道小偷一定找不到任何值钱的东西，早就把自己的外衣脱掉拿在手上。

小偷遇见禅师，正感到惊愕的时候，禅师说："你走老远的山路来探望我，总不能让你空手而回呀！夜凉了，你带着这件衣服走吧！"说着，就把衣服披在小偷身上。小偷不知所措，低着头溜走了。禅师看着小偷的背影穿过皎洁的月光，消失在山林之中，不禁感慨地说："可怜的人呀！但愿我能送一轮明月给他。"禅师目送小偷走了以后，回到茅屋赤身打坐，他看着窗外的明月，进入空境。

第二天，他在阳光温暖的抚触下睁开眼睛，看到他昨晚披在小偷身上的外衣被整齐的叠好，放在门口。禅师非常高兴，喃喃地说："我终于送了他一轮明月！"

这就是人心受到感召的力量时的改变。也许有人认为克制忍让是卑怯懦弱的表现，其实这正是把问题看反了。古人说得好："猝然临之而不惊，无故加之而不怒。"这才是真正的英雄。只有头脑简单的无能之辈，才会为芝麻绿豆大的小事各不相让，争得面红耳赤。能放手时则放手，得饶人处且饶人，才是心胸豁达、雍容雅量的成功者所应具备的高贵个性。

8. 与人方便就是与己方便

日常生活中常有这样两种人：一种人无理争三分，得理不让人，小肚鸡肠；另一种人则是真理在握，不卑不亢，糊涂一点，得理也让人三分，这种人通常更显得宽容大度，更能服人。我国历史上有许多名人贤士，他们在做人处事上的豁达大度给我们树立了榜样，值得我们学习。著名晋商乔致庸正是通过这种手下留情的做法，为自己赢得了一位朋友。

当年，乔致庸的兄长乔致广因与邱天俊在包头争做高粱霸盘，误入邱家设置的圈套，大量吃进高粱，结果银根吃紧，陷入困境，面临倒闭。乔致广因此悲愤成疾，过早去世。对乔家来说，邱家是不共戴天的仇敌。

乔致庸执掌乔家生意后，在师爷孙茂才的协助下，略施小计，使邱家大上其当，形势急转直下，面临破产。在这样的情况下，是发泄私愤、报仇为快，还是得理让人、共建商界秩序？问题考验着乔致庸。在孙茂才的劝导下，乔致庸没有对邱家落井下石、穷追猛打，而是抛弃家仇大恨，主动与邱家和解，帮助邱家解困。

乔致庸此举着实让邱家感动不已。邱老东家发誓不仅不再与乔家为敌，而且要在乔家有难的时候鼎力相助。当乔致庸帮助左宗棠西征新疆的时候，邱家果然献出巨资相援，履行了当初的诺言。

中国有一句老话叫"和气生财"。在商业经营中，即使遇到客人的无理行为，也尽量不要把事情弄僵，最好是能给客人一个体面的台阶。这样既不使自己公司遭受损失，也不至于得罪客人。

上海有一家高档酒店，经常有外宾慕名而来。一天，一位外宾吃完最后一道菜后，顺手将一双精美的景泰蓝筷子悄悄地插进了自己的内衣口袋里。

这一幕被站在外宾身后的服务小姐看到了。于是，她回身取来了一只装有一双景泰蓝筷子的小盒子，双手捧着，不动声色地迎上前去，对这位外宾说："我发现先生在用餐时，对我国的景泰蓝筷子非常喜欢。为了表达我们酒店的感激之情，经餐厅主管批准，我代表酒店将这双图案精美，并经过严格消毒的景泰蓝筷子送给您，我们将按照酒店的优惠价格记在您账上，您看可以吗？"

这位外宾自然听出了服务小姐的弦外之音，在对服务小姐如此周到的服务表示谢意之后，他趁机说自己多喝了两杯，头脑有点发晕，误将筷子插入了自己的口袋。然后，外宾借此台阶而下，说："既然这种筷子没有消毒就不好用，我就以旧换新吧！"说着，接过了服务小姐送上的小盒子，然后取出内衣口袋里的筷子，放回了桌上。

经典小测试：好人缘离你有多远

测试攻略

测试意义：★★★

准确指数：★★

测试时间：18分钟

测试情景

人缘是社交中的润滑剂，它是为人处世的必要条件。无论是在工作中，或者是在生活上，和领导、同事、朋友的关系融洽，你所需要办的事情也就顺顺利利。因为，人脉即财脉，没有好人缘，做什么都不行，拥有好人缘是成功的关键。在人际交往中，你离好人缘有多远？你的人脉好不好？下面的这个测试也许会告诉你一个答案。

测试问答

1.你和朋友们在一起时过得很愉快，是因为：

A.你发现他们很有趣，既爱玩又会玩。

B.朋友们都很喜欢你。

C.你认为你不得不这样做。

2. 当你休假的时候，你会：

A.很容易交上朋友。

B.比较喜欢自己一个人消磨时间。

C.想交朋友，但发现这不是一件很容易的事。

3. 当你安排好见一个朋友，但你又感到很疲倦，却不能让朋友知道你的这种状况时，你会：

A.希望他会谅解你，尽管你没有到朋友那儿去。

B.还是尽力去赴约，并试图让自己过得愉快。

C.到朋友那儿去了，并且问他如果你想早回家，他是否会介意。

4. 你和朋友的关系一般能维持多长时间？

A.一般情况下时间很长，有可能是一辈子。

B.有共同感兴趣的东西时，也可能一起待几年。

C.一般时间都不长，有时是因为迁居别处。

5. 一位朋友向你吐露了一个非常有趣的个人问题，你会：

A.尽自己最大努力不让别人知道它。

B.根本没有想过把它传给别人听。

C.当朋友刚离开，你就马上找别人来议论这个问题。

6. 当你有问题的时候，你是：

A.通常感到自己完全能够应付这个问题。

B.向你所能依靠的朋友请求帮助。

C.只有问题十分严重时，才找朋友。

7. 当你的朋友有困难时，你发现：

A.他们马上来找你帮助。

B.只有那些和你关系密切的朋友才来找你。

C.通常朋友们都不会麻烦你。

8. 你要交朋友时，是：

A.通过你已经熟识的人。

B.在各种场合都可以。

C.仅仅是在一段较长时间的观察、考虑，甚至可能经历了某种困难之后才交朋友的。

9. 在这里的3种品质中，哪一种你认为是你的朋友应该具备的？

A.使你感到快乐和幸福的能力。

B.为人可靠、值得信赖。

C.对你感兴趣。

10. 下面哪一种情况对你最为合适，或者接近你的实际情况？

A.我通常让朋友们高兴地大笑。

B.我经常让朋友们认真的思考。

C.只要有我在场，朋友们会感到很舒服、愉快。

11. 假如让你应邀参加一次活动，或者在聚会上唱歌，你是：

A.找借口不去。

B.饶有兴趣地参加。

C.当场就直率地谢绝邀请。

12. 对你来说，下面哪个是真实的？

A.我喜欢称赞和夸奖我的朋友。

B.我认为诚实是最重要的，所以我常常不得不持有与众不同的看法。

C.我不奉承但也不批评我的朋友。

13. 你发现：

A.你只是同那些能够与你分担忧愁和欢乐的朋友们相处得很好。

B.一般来说，你几乎和所有人都能相处得比较融洽。

C.有时候你甚至和对你漠不关心、不负责任的人都能相处下去。

14. 假如朋友对你恶作剧，你会：

A.跟他们一起大笑。

B.感到气恼，但不溢于言表。

C.可能大笑，也可能发火，这取决于你的情绪和恶作剧的程度。

15. 假如朋友想依赖你，你有什么想法？

A.在某种程度上不在乎，但还是希望能和朋友保持距离，有一定的独立性。

B.很不错，我喜欢让别人依赖，认为我是一个可靠的人。

C.我对此持谨慎的态度，比较倾向于避开可能要我承担的某些责任。

测试解析

分值表

题号	A	B	C	题号	A	B	C
1	3	2	1	9	3	2	1
2	1	3	2	10	2	1	3
3	1	3	2	11	2	3	1
4	3	2	1	12	3	1	2
5	2	3	1	13	1	3	2
6	1	2	3	14	3	1	2
7	3	2	1	15	2	3	1
8	2	3	1				

36～45分之间，和朋友相处不错。

你对周围的朋友都很好，相处得不错，而且你能够从平凡的生活中得到很多乐趣，所以你的生活是比较丰富多彩而且充实的，也很有可能在朋友中建立一定的威信，他们也会很信任你。总之，你会交朋友，人缘也很好。

26～35分之间，人缘不是特别好。

你的人缘不怎么好，和朋友们的关系时好时坏，经常处于一种起伏波动的状态中。这就表明，你想让别人喜欢你，也想多交一些朋友。实际上，尽管你做出很大努力，但是别人并不一定喜欢你，朋友跟你在一起可能不会感到轻松愉快。

15～25分之间，情况非常糟糕。

情况非常糟糕，你很可能是一个孤僻的人，思想不活跃、不开朗，喜欢独来独往。但是，这一切并不意味着你不会交朋友，更不能武断地说你人缘差。其主要原因在于，你对于社交活动，对人和人之间的关系不感兴趣。

测试点拨

其实，一个人生活在社会中，就不可能不与人交往。认识到这一点，你就应积极地改善自己的交友方式和现在的处境。当你改变自己的言行，虚心听取那些逆耳忠言，真诚对待朋友，为人处事处处有人情味，并能尊重朋友、爱护朋友时，你的处境才会改变，好人缘也会随之而来。

上辑 宽心的智慧

第三章　宝剑锋从磨砺出，梅花香自苦寒来

——心宽是一种积极的心态

心宽是一种良好心态。一个人能否成功，心态是一个非常关键的因素。因为，在成功的道路中，我们很难控制自己的际遇，唯一能控制的就是自己的心态：选择积极的心态，就等于选择了成功的希望；选择消极的心态，就注定了要步入失败的沼泽。如果你想成功，想把梦想变成现实，就必须摒弃那些消极的心态，清除心灵的累赘。

1. 快乐就是一种心态

人们在生活中，总免不了遇到一些苦恼烦闷的事儿。有些烦恼来自外界，必须正视；有些困扰则源于内心，这就是所谓"自寻烦恼"。"魔由心生"的故事说的正是这个道理。

有一个和尚，每次坐禅都感觉有一只大蜘蛛跟他捣蛋，无论怎样也赶不走。他把这件事告诉了师父。师父让他下次坐禅时拿一支笔，等蜘蛛来了在它身上画个记号，看它来自什么地方。和尚照办了，在蜘蛛身上画了一个圆圈。蜘蛛走后，他安然入定了。当和尚练完功，睁开眼睛一看，那个圆圈原来就在自己的肚皮上。

可见，我们推给他人或外物的许多过失，毛病竟在自己身上。当然，这种来自自身的困扰我们往往不易察觉，更难以用笔"圈"定。天下本无事，庸人自扰之。自寻烦恼的事儿在人世间的确不少见。

曾经有一位心理学家做过这样的一个试验：他先让10个人待在一个封闭的房

屋内，然后让他们分别在一张纸上写出在未来一个星期可能发生的最令自己烦恼的事情。等到他们写完后才让他们离开房屋，回家继续生活。一个星期后，通过对这10个人的调查显示，写在纸条上的最令他们烦恼的事情，其中70%以上并没有真实发生过，另外一些所预料的烦恼事情虽然发生了，但并没有像他们想象中的那样烦恼和难以解决。

以上试验充分证明了这样一个道理：人的烦恼其实是自己给自己制造的心理负担。自寻烦恼在很多情况下的确如此。其实快乐很简单，只要你抱着一个平和积极的心态去生活，就会发现快乐就在我们生活的点点滴滴中。

人无远虑，必有近忧。但是过于烦恼还未发生的问题也是不可取的。因为任何事情都应当要有个"度"，否则会有"杞人忧天"之嫌。只要我们在日常生活和事务中保持一颗平常心，我们就会发现一切问题其实都没有自己想象中的那样难以解决。

在生活中，我们的很多烦恼都是自找的，我们是自己捆住了自己。人们常会这样假设：假如变成这样要怎么办？假如变成那样又会如何？这样做会不会变得更差呢？

仔细想想，自寻烦恼只有百害而无一利，再怎么忧虑都无法解决任何问题，只会让自己心情不好，想法更加消极而已。可是为什么许多人仍然会不经意地自寻烦恼？这主要是性格使然，当然也会有环境因素的影响。

每当我们自寻烦恼之际，身边的人大都会劝道："不要自寻苦恼，开朗一点，开心一点。"但不好的情绪还是会不自觉地涌起。烦恼的想法一经出现，我们便不由自主地陷入更多的纠葛中，搞得整个人心神不宁。

可是，你应该了解，明天的忧虑自待明天解决，此刻又何必烦恼、浪费精力？或许睡个觉之后，一切烦恼都烟消云散了，毕竟明天又是新的一天。

如果你是一个杞人忧天、自寻烦恼的人，那么你肯定会过得不快乐，原因就在于你不懂得运用内在的特质化解内心的烦恼。建议你不妨从改变自己的内心做起，也就是说内心一直都保持明朗、愉快、积极的状态。不要再患得患失，掂量来掂量去，过于瞻前顾后，要无畏无惧地活下去。无论发生任何事，都要想得开，凡事往前看，向新的人生挑战。

如果你认为可能，那么前方就会有无限的可能在等着你；如果你一直想着不

上辑 宽心的智慧

可能，那就真的什么事都不可能了。如果你认为前方充满了希望与光明，那么走过去一定会看到灿烂的阳光。所以无论做任何事，都要抱着积极的心态向前看，相信一定可以使一连串的不可能成为可能。

2. 不要把情绪带回家

一位商业助理满怀忧愁回到家中。整个工作日她一直忙乱、苦恼，充满攻击性，并且随时准备发怒。当她这样停止工作回到家里时，也就带回了残余的攻击性、困顿、匆忙与忧虑。对于丈夫和家里人，她特别容易发怒。虽然在家里绝不可能解决工作中的问题，但她还是一直想着办公室里的事。

情绪的紊乱会造成失眠。很多人休息的时候都带着未解决的难题上床，他们在心里和情绪上仍然想要处理事情，而这时却又是最不适宜做事的。

白天我们需要各种不同的情绪和心理。与老板、顾客交谈时，你需要不同的心情。在和生气的或爱发脾气的顾客交谈之后，你必须改变一下自己的心情，才能和下一个顾客交谈。否则，一种情况里的情绪搅和在另一种情况里，是不适宜处理问题的。

一个大公司发现他们的一个助理莫名其妙的以粗野、生硬的口气接电话。这个电话恰巧是打到公司正在举行的一个重要会议上的，那时这位助理正处在困境和敌意之中。不用说，她那生气与敌意的如棒槌击打一般的口气使打来电话的人吃了一惊。公司的人对这位助理的行为火冒三丈。针对这件事，这家公司规定：以后所有的助理在接电话以前，必须先暂停五秒钟，并且要微笑一下。

情绪的紊乱还会引起意外事件。追查意外事件起因的保险公司及其代理人发现，很多车祸的发生都是由于情绪的紊乱。如果一个司机和他的妻子或者老板发生了口角，如果他在某些事上受到了挫折而离开，那么他很可能会发生车祸。他把不适当的情绪搅和在驾驶上。他并不是在生其他司机的气，而是好像刚从梦中醒来，梦中的他正在生着很大的气。他自己也知道发生在他身上的只是一个梦，可他还在生着气。事情不过就是如此而已。

恐惧和生气一样，也有类似的情绪紊乱作用。关于这一点，你应该了解一种真正有益的方法，就是友善、安宁、平静以及镇定。正如我们说过的，在完全轻松、安静、泰然的状态下，一个人不可能感到恐惧和愤怒，也不可能感到焦急不安。因此，你不妨时时清理情绪，这样可以消除以前的坏情绪，同时使镇定、平静、安宁的情绪融合到你马上要参加的一切活动中。

这样做的效果是显而易见的。

还有一种不合适的反应会引起烦恼、不安与紧张，那便是对不存在的东西进行情绪反应的坏习惯。这种东西，只是存在于你的想象之中。

我们许多人不会对实际环境中的小刺激做过分的反应，却在想象中虚构出"稻草人"，并且在自己的心理图像里做情绪的反应。老是想：也许会发生这种情况，要不就是那种情况，要是发生了我该怎么办呢？自找麻烦却不自知。飞行跳伞教练发现，那些在舱门处停留太久的人，往往再也不敢跳下去了，因为他们已被自己过于丰富的想象吓坏了！你要知道，你的神经系统无法分辨出真正的经历或想象出来的经历。

就你的情绪来说，对忧虑图像的适当反应就是完全不去理睬它。在情绪上，你要分析你的环境，认识那些存在于环境里的真实物，然后自然地进行反应。为了要做到这一点，你必须全心全意地关注现在所发生的事，要全神贯注。这样你的反应一定是恰当的，而对于虚构的环境，你就不会有时间去注意了。

3. 用积极的心态对待不幸

任何一个人都愿意与幸福、快乐为伴，而不愿意与痛苦、烦恼为伍。但是，生活中毕竟有苦也有甜。生活是错综复杂、千变万化的，并且经常发生祸不单行的事。频繁而持久的处于扫兴、生气、苦闷和悲哀之中，必然会给健康带来灾难。那么，遇到心情不快时，就应采取积极的态度去对待。

例如，换一个环境，出去转转或听听音乐，是改善心情再恰当不过的好办法。

有了苦闷应学会向人倾诉。首先可以向朋友倾诉，这就需要先学会广交朋友。如果经常防范别人的"侵害"而不交朋友，也就无愉快可言。有一句话不是这样说的吗？"朋友多了路好走"。如果没有朋友的话，不仅遇到难事无人相助，也无法找到可一吐为快的对象。把心中的苦处能和盘倒给知心人并能得到安慰的人，心胸自然会变得宽广。即使面对一般的朋友，学会把心中的委屈倾诉给他，心中也常能感到轻松许多。

有意饲养猫、狗、鸟、鱼等小动物及栽植花、草、果、菜等，有时能起到排遣烦恼的作用。遇到不如意的事时，主动与小动物亲近，小动物会逗主人欢乐。与小动物玩耍更可使你体会到意想不到的快乐。摘摘变黄的花叶，浇浇菜或坐在葡萄架下品尝水果，都可有效地改善低落的心境。

一个人如果有一两种爱好，可以活跃自己的生活，让自己的生活变得更加丰富多彩，富有生机。除少数执着追求自己本职事业者外，许多人能培养自己的业余爱好。集邮、打球、钓鱼、玩牌、跳舞等，都能使业余生活丰富多彩。遇到心情不快时，完全可一头扎到自己的爱好之中。

俗话说"知足者常乐"，老是抱怨自己吃亏的人，的确很难有好的心情。多奉献少索取的人，总是心胸坦荡，笑口常开。整天与别人计较工资、奖金、提成、收入的人，心理怎么会平衡？对个人得失不过于在意的人，心情才比较稳定。至于对别人能广施仁慈之心，包括当素不相识的路人遭遇困难时也能慷慨解囊、毫不吝啬的那些人，更能体会到别人体会不到的快乐。

4. 把心放宽，远离偏激

性格和情绪上的偏激，是一种心理疾病，是为人处世的一个不可小视的缺陷。它的产生源于知识上的极端贫乏、见识上的孤陋寡闻、社交上的自我封闭意识、思维上的主观唯心主义等等。这种性格上的缺陷常常让人们率性而为，将精力投入到毫无意义的事情上，离成功越来越远。因此我们只有善于克制这种缺陷，才能蓄势待发。

有主见，有头脑，不随人俯仰，不与世沉浮，这无疑是值得称道的好品质。但是，这还要以不固执己见、不偏激执拗为前提。无论做什么事情，头脑里都应当多一点辩证观点。死守一隅，坐井观天，把自己的偏见当成真理至死不悟，无论是对自己还是对他人，都没有一点益处。如果不认真纠正这种"关羽遗风"，就很有可能会使自己误入人生的"麦城"而走不出来，最后将与成功背道而驰。

三国时代，汉寿亭侯关羽，过五关、斩六将，单刀赴会，水淹七军，是何等的英雄气概。可是他致命的弱点就是不善于克制，固执偏激。当他受刘备重托留守荆州时，诸葛亮再三叮嘱他要"北据曹操，南和孙权"，他不以为然。不久吴主孙权派人来见关羽，为儿子求婚。关羽一听大怒，喝道："吾虎女何肯嫁犬子乎！"这本来是一次很好的"南和孙权"的机会，却闹得孙权没脸下台，导致了吴蜀联盟的破裂，最后兵刃相见。关羽也落个败走麦城、被俘身亡的下场。关羽不但看不起对手，也不把同僚放在眼里。名将马超来降，被封为平西将军，远在荆州的关羽大为不满，特地给诸葛亮去信，责问说："马超的才能比得上谁？"老将黄忠被封为后将军，关羽又当众宣称："大丈夫终不与老兵同列！"目空一切、气量狭小、盛气凌人，其他的人就更不在他的眼里。一些受过他蔑视甚至侮辱的将领对他既怕又恨，以至于当他陷入绝境时，众叛亲离，无人援救，促使他迅速走向灭亡。

现实生活中，像关羽这样的个人英雄还是不少的，然而随着竞争力度的加大，能力竞争已经超出个人能力的单打独斗，取而代之的是团队精神的较量。因此，只有正确看待别人的人，才能立足于能精诚团结的团队，才能共同进步，从而成就一番事业。

某文化公司的老板深知能力的重要。他在招聘时打破传统的偏见，新员工进来之前都要进行一番考试，以成绩而非文凭决定是否录取，所以他的记者、编辑都非常出色，而且都很能吃苦。有一个体育杂志的女编辑，身体患有严重的残疾，她以前找过很多工作，都被拒之门外，但是这位老板看中了这个女孩的文笔和才能，以及她对体育的深深迷恋和理解。于是这个女孩成了一名体育编辑，一年以后成了主编，并做得非常出色。这位精明的老板就是如此识人，所以在同类杂志中，他的杂志一直都保持了非常独到的品位和特色。

打破偏见，获利的往往是自己。在应试教育的今天，单位招聘员工大多是看他有没有大学文凭，英语达到了几级，也不管单位的这个职位是否需要这样的文凭。总之，就是文凭决定一切。其实很多工作需要的是技能而非那一纸文凭。文凭所能证明的只是他的学习经历，并不能说明他是否适应这份工作。中文系的学生不一定都擅长写作，学管理的学生不一定都能当企业家。世上没有绝对的事情，要学会变通。

一只在外面闲逛的小瓢虫，有一天误入了牛角。小瓢虫很小，弯弯的牛角在它看来就像是一条极宽阔的隧道。它想，走出隧道，定会是一个水草丰美的洞天福地。谁料，脚下的路却越走越窄，到后来竟难以容身。为此，小瓢虫不得不停下来进行认真思考，经过一番激烈的思想斗争，它决心掉过头来，重新开始。

这一回，它由牛角尖向牛角口爬行，结果它惊喜地发现，道路越走越宽广，而且出了牛角，天蓝蓝的，极其高远，大地郁郁葱葱的。一时间，它觉得自己就是那天上自由飞翔的小鸟、大海中随意竞游的小鱼。从那以后，小瓢虫到处说："当你遇到无法逾越的障碍时，不妨换一种方式。这就像面对一扇打不开的门一样，换一把钥匙，希望之门或许就会为你敞开。"

人们常常把那些头脑不开窍、认死理的人称做性格和情绪上的偏激。在很多时候，造成这种偏激的原因是对事物持有的某种观点和信念，而这种观点和信念其实并不符合客观事实或与逻辑推论相违背。严重的偏见会给我们的生活带来不必要的困扰，还会阻碍我们的进步和发展。其实，走出这种偏激再容易不过，只需要变个方向就行。无论对人对事都要用发展的眼光去看。以前错过，不等于永远都错；以前对过，不等于永远都对。但是，只这一点便难倒了许多人。许多人都是在碰了壁后才知道回头，但大多已为时过晚。

要克服"一叶障目，不见泰山"的偏激心理，最好的方法是对症下药，丰富自己的知识，增长自己的阅历，培养辩证思维能力，全面、灵活、完整地评价事物，冷静、客观地看待问题。同时，多参加有益的社交活动，培养勇敢、顽强、坚韧、机智、果断、团结、互助等良好的意志品质，有效地增强自控能力。此外，还要掌握正确的思想观点和思想方法，不放纵、迁就自己，说话、做事多冷静思考，这样才能有效地克服偏激心理。

5. 积极的心态助你成功

一个人，如果要开创成功的事业，就要抱着必胜的信念去为之奋斗。当我们对于事物产生怀疑时，只有一个信念可以帮助我们，那就是——期待最好的结果。

欧洲的两个推销员到非洲去推销皮鞋。由于天气炎热，非洲人一直都是赤着脚。第一个推销员看到非洲人这个样子，立刻失望起来。他想："这些人都赤着脚，怎么会买我的鞋呢？"于是他放弃了努力。而另一位推销员看到非洲人都赤着脚，则不禁惊喜万分。在他看来，这些人都没有皮鞋穿，这皮鞋市场就大了。于是他想尽一切办法，引导非洲人购买皮鞋，最后他自然是满载而归。

我们不难看出，这就是不同的心态所导致的不同的结果。同样是非洲市场，同样面对赤着脚的非洲人，由于不同的心态，一个人灰心失望，不战而败；而另一个人则满怀信心，大获全胜。

在我们的日常生活中，之所以平庸的人占多数，其主要原因就是心态有问题。一碰到困难，他们总是挑选最容易的办法，甚至从原来的地方倒退，结果使自己陷入失败的深渊。成功者却正好相反，他们一遇到困难，总是始终如一地保持积极的心态。于是他们便能尽一切可能，不断前进，直至走向成功。

成功的要素其实掌握在我们自己的手中。成功是积极心态的结果。我们究竟能飞多高，并非完全由其他的因素决定，而是由我们自己的心态所制约的。我们的心态在很大程度上决定了我们人生的成败。

维恩太太的两个女儿各开一小店，大女儿卖伞，小女儿卖遮阳帽。自小店开张后，维恩太太就没开心过，整天神情抑郁地呆坐在门前，一脸晦气。一天，牧师路过她家，便主动上前问："太太，您怎么了？有病吗？""我烦哪！"维恩太太神情沮丧地说，"晴天，我大女儿卖伞的生意不好，我烦，雨天吧，我小女儿卖遮阳帽生意不好，我也烦。"

"您应该高兴才对呀！"牧师说。

"别来逗我了，"维恩太太显然生气了，"到别的地方寻开心去，我才没有你那样悠闲！"

"太太，您听我说，"牧师诚恳地说，"晴天，你小女儿卖帽子不是很好吗？而雨天，你大女儿卖伞是不是卖得很快？因此，您应该高兴呀！""对呀！"维恩太太豁然开朗，"为什么我先前没有这么想呢？"

维恩太太的抑郁就是因为其以消极的心态看待问题，牧师的指点让维恩太太重现了往日的欢愉。只有对生活中的一切问题抱积极的态度，生活才能丰富多彩。

生活对于我们每个人来说都是公平的，然而因为我们所持的态度不同，命运也就因此而不同。有些人消极地应对生活中的一切，逆来顺受，忍气吞声，从而裹足不前，结果棱角磨平了，锐气丧失了，心中的理想也就成了泡影。而另外一些人善于从失败的阴影中走出来，用最积极的思考、最乐观的精神和最辉煌的前景支配和控制自己的人生，当然会成功。

虽然说人生的机遇和挑战是成功的必要条件，但关键还是要看人们的心态是积极的还是消极的。成功的道路是坎坷的，没有波澜的人生不足以称为丰富的人生，所以我们需要一种积极的心态来渡过暗礁累累的激流，去迎接光辉灿烂的人生。

6. 给自己一份好心情

压抑的心情经常会让人烦躁不安、苦闷不堪。相反，好心情则能让人抛却压抑，积极地投入到工作和生活当中，去体会工作的快乐和生活的惬意。

不论发生了什么事情，都应该抛弃理智上的压抑，好好地体验一下自己的心情。就像看了一部很悲惨的电影，尽管我们都知道这不是真实的情节，但是只要觉得非常难过，那么就放声大哭吧！不要管周围的人怎么想！

在工作的时候，突然想起了一件很好笑的事情时，就放声大笑吧！如果怕打扰别人的话，那就找一个地方，继续宣泄自己的情绪，直到心情恢复为止。

唯有在最放松的情况下，真实面对自己的心情，才有可能忘却对自我的责难与批评。只要能做到这一点，就不用每天对着镜子愁眉苦脸了，因为你已经了解到在做什么，在想什么，以及想表达什么了。

人的一生中会遇到很多事情，过去的就让它过去吧！因为过去的已经永远的逝去了，不会对你构成任何现实的帮助，更重要的是勇敢地面对未来。就像乔治·桑所说："过去是一个有限的和可以估价的概念；未来却是无限的，因为它是个未知数。"

美国著名的社会教育学家拿破仑·希尔说过这样一段话，来告诫那些沉湎于过去的年轻人。他说："过去的已经过去了，有好多东西是在我们心中留下了巨大的烙印和美好的回忆。然而在那些古老的日子里，我们总是用一个大木桶洗澡，用的是在烧炭或烧煤的炉子上加热的热水。在那些古老的美好岁月里，我们的洗澡水就是在我们之前洗澡的人所留下来的同一桶热水。如果在你之前洗澡的是一位养猪的人，那么你的身体会留下一身污垢，愈洗愈脏。在那些美好的古老岁月里，流行小儿麻痹、白喉以及猩红热、麻疹等可怕的疾病。那时候的人就不曾听说过沙克疫苗这种东西。"

这段话形象地说明了昨天也并不是那么美好的，对于社会中个人的成功来讲，过分地留恋昨天只能使自己停滞不前。唯有理智地放弃昨天，认真地对待今天，真实地面对自己的心情，直面现实生活中的不如意，你的生活才会因此而变得平淡中有快乐。

7. 别让心灵荒芜

逆境，是每个人的必经之路。身陷逆境，每个人的态度也截然不同，有的人习惯诉苦，有的人愿意乞怜，有的人会自暴自弃，而有的人则会奋力自救。当然，你选择怎样的态度，也就选择了最终的结果。

诉苦至多博得几滴同情的眼泪。在你想得到别人同情时，你从内心已让自己低人一等了。

乞怜可能连同情也得不到，得到的是数不清的白眼。

自暴自弃更是下下策。本来还有突围的可能，但因为自暴自弃而失去了这种可能；本来还有东山再起的机会，但因为自暴自弃而让机会从眼前溜走。

那么，只有自救才是你摆脱逆境的唯一方法。唯有奋力冲锋，杀开一条血路，才能求得海阔天高的生存空间。当别人帮不了你，上帝也无法救你之时，你只有自己救自己了。

麦克曾经陷入一筹莫展的境地。因为一夜之间，雷电引发的山火烧毁了美丽的"森林庄园"，这可是祖父留给他的遗产啊！

他经受不住打击，闭门不出，茶饭不思，眼睛熬出了血丝。

一个多月过去了，年已古稀的外祖母获悉此事，意味深长地对麦克说："小伙子，庄园成了废墟并不可怕，可怕的是，你的眼睛黯淡无光了，一双没有光亮的眼睛，怎么能看得见希望……"

麦克在外祖母的说服下，一个人走出了庄园。

他漫无目的地闲逛，在一条街道的拐弯处，他看到一家店铺的门前人头攒动。原来是一些家庭主妇正在排队购买木炭。那一块块躺在纸箱里的木炭忽然让麦克的眼睛一亮。他看到了一线希望。

在接下来的两个星期里，麦克雇了几名烧炭工，将庄园里烧焦的树木加工成优质的木炭，送到集市上的木炭经销店。

结果，木炭被抢购一空，他因此得到了一笔不菲的收入。然后他用这笔收入购买了一大批新树苗，一个新的庄园初具规模了。几年以后，"森林庄园"再度绿意盎然。

只要眼睛不失去光泽，心灵就永远不会荒芜。

我们每一个人都有身处逆境的时候，这时候与其悲伤流泪，还不如依自己既有的条件去慢慢耕耘，一旦机会来临，自己也有了足够的条件去发展，境遇自然就会逐渐好转。

许多事实证明，在逆境中，只要你不让自己消沉颓废，环境是不能把你击倒的。

也许困难多于幸福，磨砺多于享乐。面对困难和死亡，人不能倒下，要努力挺起，哪怕是不可抗拒的天灾人祸，哪怕你已奄奄一息。

《动物世界》中有这样一个场景：一群迁徙的野牛在行进途中，突遭数只猎豹的袭击。刚才还是悠然自得的牛群顿时像炸了窝的马蜂，惊恐得四处奔逃，躲避着猎豹，逃脱死亡。一只只野牛在奔逃中被扑倒，没有搏斗，挣扎也是那样有气无力，只是哀鸣了一声，即成了猎豹的食物。就在我为野牛大叫惋惜时，一只看似弱小的野牛，就在快被猎豹追上的刹那，突然停住，全身奋力后坐，努力将身体的重心后移，奔跑的四蹄成了四条铁杠，直直地斜撑在地上，身体周围随即腾起浓浓的尘土，如同爆响的炸弹掀起的浪。在这生与死的千钧一发之际，这只小小的野牛停住了，我的心旋即提到嗓子眼。我的担心是多余的。急停下来的小牛，不但没有被猎豹吓倒，反而转过身来，愤怒的沉下头，扬起头顶上那一双尖尖的硬硬的角，猛抵冲过来的猎豹。那只不可一世的猎豹，还没有看清眼前发生的一切，就被野牛尖角抵住了身体、扎进了肚子。猎豹被高高地扬起，抛向空中。顿时，情况急转直下，奔逃的野牛们还在拼命地奔逃，而制造死亡的其他猎豹却惊呆了，先是顿立，继而掉头逃走。

被猎豹追捕，多么惊恐万分；面临死亡回首痛击，又是置之死地而后生。野牛是动物世界中身体强壮而眼大胆小的群体，又是生存中求实惠缺乏灵性的动物。在这突如其来的灾祸面前，它们唯一的选择就是逃跑。逃跑的路线又是那么的单一，不管前面是沼泽、丛林，还是高山、断壁，一个劲地往前冲，跑的是一条直线，往往成了猎豹最好的捕捉品。而一旦被捉住，只有任其猎杀。自然的本能，拙劣的求生，悲惨的结局。我不知道为什么唯有那只小野牛不像它的父母兄弟姐妹，不以奔逃求生，而选择以战而生的方式——回首痛击，战胜死亡。

8. 雨过了，总会天晴

生活有了困难，对自己说一声："不要紧！"事业遇到了麻烦，对自己说一声："不要紧！"人生遇到了困难，请你再说一声："不要紧！"

在人生这条路上，我们每时每刻都可能面对不如意的事。面对这些不如意，我们应该怎么办？是固执于此，任自己沉溺其中，还是对自己说"没关系，不要紧，雨过了，总会天晴"？

我们可以从如下的故事中体会"不要紧"的含义。也许主人公的成长经历正是我们大多数人的缩影。

一次，一位德高望重的教育学教授在英子的班上说："我有句三字箴言要奉送各位，它对你们的教学和生活都会大有帮助，而且可使你们心境平和，这三个字就是：'不要紧'。"

英子领会到了那句三字箴言所蕴含的智慧，于是便在笔记簿上端端正正地写下了"不要紧"三个大字。她决定不让挫折感和失望破坏自己平和的心境。

后来，她的心态遭到了考验。她爱上了英俊潇洒的成。他对她很重要，英子确信他是自己的白马王子。

可是有一天晚上，成温柔婉转地对英子说，他只把她当作普通朋友。英子以他为中心构想的世界当时就土崩瓦解了。那天夜里英子在卧室里哭泣时，觉得记事簿上的"不要紧"那几个字看来很荒唐。"要紧得很，"她喃喃地说，"我爱他，没有他我就不能活。"

但第二日早上英子醒来再看到这三个字之后，就开始分析自己的情况：到底有多要紧？成很重要，自己很要紧，快乐也很要紧。但自己会希望和一个不爱自己的人结婚吗？

日子一天天地过去，英子发现没有成，自己也可以生活。英子觉得自己仍然能快乐，将来肯定会有另一个人进入自己的生活；即使没有，她也仍然能快乐。

几年后，一个更适合英子的人真的来了。在兴奋地筹备婚礼的时候，她把

"不要紧"这三个字抛到九霄云外。她不再要这三个字了。她觉得以后将永远快乐，她的生命中不会再有挫折和失望了。

婚姻生活和生儿育女不会有挫折失望？这当然不可能。有一天，丈夫和英子得到一个坏消息：他们曾经投资做生意的所有的积蓄，全部赔掉了。

丈夫把信念给英子听了之后，她看到他双手捧着额头。她感到一阵凄楚，胃像扭作一团似的难受。英子想起那句三字箴言："不要紧。"她心里想："真的，这一次可真的是要紧！"

可是就在这时候，小儿子用力敲打他的积木的声音转移了英子的注意力。他看见妈妈看着他，就停止了敲击，对她笑着，那笑容真是无价之宝。英子把视线越过他的头望出窗外，两个女儿正在兴高采烈地合力堆沙堡。在她们的后面，英子家院子外面，几棵槭树映衬着无边无际的晴朗碧空。英子觉得自己的胃顿时舒展，心情也恢复了平和。不久，她还感到自己在微笑。于是她对丈夫说："一切都会好起来的，损失的只是金钱。实在'不要紧'。"

人生在世，有许多事情是要紧的。可是也有许多使我们平和的心情和快乐受到威胁的事情，实际上是不要紧的，或者不像我们所想象的那样要紧。那么，就让我们永远记住"不要紧"这三个字！

所以，面对人生的狂风暴雨和一切不如意，我们可以再重复一次："不要紧的，雨过了天自然会晴，阳光照样会普照大地，彩虹依然会挂在天空！"

经典小测试：苦难会不会轻易绊倒你

测试攻略

测试意义：★★★

准确指数：★★

测试时间：20分钟

测试搭档：朋友、同事。

测试情景

在每个人的生活中，必然会遇到挫折、困境。但是在陷入困境后，你是泰然处之，耐心地解决问题，还是怨天尤人，一蹶不振呢？最后，你又该如何走出困境？

测试问答

1. 你年幼的时候，充满了长辈对你的关爱吗？

　　A.否　　B.是　　C.不全是

2. 你长大后步入人生的道路，总是一路坎坷吗？

　　A.是　　　　　B.否　　　　　　C.不全是

3. 恋爱中被人抛弃，你会感到伤心失望，甚至不想继续生活吗？

　　A.否　　　　　B.是　　　　　　C.不全是

4. 虽然你并没多少收入，但并不感到拮据？

　　A.否　　　　　B.是　　　　　　C.不全是

5. 让你和个性完全相反的人相处，是一种折磨吗？

　　A.是　　　　　B.不全是　　　　C.否

6. 你从来没有因失眠而被迫服用过镇静药吗？

　　A.否　　　　　B.不全是　　　　C.是

7. 你的同事将你最不想见的人带到你家，你会对此感到难以接受吗？

　　A.是　　　　　B.不全是　　　　C.否

8. 即使你被从涨工资的名单里换掉，你也会心平气和吗？

　　A.否　　　　　B.不全是　　　　C.是

9. 看到那些怪异的着装，听到嘈杂的电影配乐，你就难受吗？

　　A.不全是　　　B.否　　　　　　C.是

10. 你认为一些新规章、新法规的颁布实施都是理所应当的吗？

　　A.不全是　　　B.是　　　　　　C.否

11. 你在一段时间内接连遇到不幸的事，会感觉每一次的打击都比上一次大，而难以接受吗？

　　A.不全是　　　B.否　　　　　　C.是

12. 哪怕你的看法与他人完全相反，你也能和对方平心静气地说话吗？

　　A.不全是　　　B.是　　　　　　C.否

13. 对你来说，认识新的朋友，编织全新的关系网络很容易吗？

　　A.是　　　　　B.否　　　　　　C.不全是

14. 别人随意拿了你的东西，你会好几天都闷闷不乐吗？

    A.否   B.是   C.不全是

15. 如果手头有没完成的重要工作，你会吃不好睡不好吗？

    A.是   B.否   C.不全是

16. 哪怕多次不成功，你也不会失去再次努力的信心吗？

    A.不确定   B.否   C.是

17. 至少有多半成功的把握在手，你才会着手完成那些带有刺激性的事吗？

    A.不确定   B.是   C.不是

18. 如果街上有了某种流行性疾病，你总会率先表现出相关症状吗？

    A.是   B.否   C.不全是

19. 别人若对你不公平，你会用这种方式对待别人吗？

    A.是   B.否   C.不全是

20. 只要一有时间，你就想看小说和报纸吗？

    A.不确定   B.否   C.是

测试解析

分值表

题号	A	B	C	题号	A	B	C
1	5	1	3	11	3	3	1
2	5	1	3	12	3	3	1
3	5	1	3	13	5	1	3
4	5	1	3	14	5	1	3
5	1	5	5	15	1	5	5
6	1	5	5	16	3	1	5
7	1	5	5	17	3	1	5
8	1	5	5	18	1	5	5
9	3	3	1	19	1	5	5
10	3	3	1	20	3	1	5

20～50分：经不起考验的人。

你经受不了突然的打击，甚至连很小的困难都会把你难倒。这可能由于你以前一直一帆风顺，是处在温室的花，禁不起风霜的洗礼。抓紧时间接受些考验吧，也许大风大浪还在后头呢。

50～75分：可以应对普通的困难。

通常的困难吓不到你，最多给你添了点儿烦恼，不过遇到大灾难你还需要更加理性、乐观。

75～100分：处事不惊，有大将之风范。

无论遭遇到多大的困难，你都平静从容，也许是因为你已经有了非凡的经历。如同傲雪的青松随时都有抗寒的能力一样，对一切打击你都能应付自如。

测试点拨

苦难、挫折是人生难得的一笔财富，所以，在遇到这些的时候，请不要抱怨，不要埋怨命运的不公平，因为你经历了别人没有经历的事情，磨炼了你的意志，让自己能有勇气承受任何的起伏。

第四章　幸福走一生，心宽福自到

——心宽是一种永恒的幸福

心宽是一种永恒的幸福。心宽了，眼前总是海阔天空，脚下总是平坦大道，心中总是阳光明媚。心宽的人偶有伤心寂寞的浮云，也会很快被微风带走，微风过后留下一片光明、一丝清凉、一阵轻松。有句话说得好：发上等愿，结中等缘，享下等福；择高处立，就平处坐，向宽处行。这是句经典的良言，"向宽处行"是至理，只有把心放宽，道路才不会拥挤，血脉才不会堵塞，生活才不会失意。

1. 幸福是一种自我感觉

幸福是一种绝对自我的感觉，一种源自内心深处的平和与协调，一个人幸福与否，过得好与不好，最终都得回归自我，都得听从心灵的安排。

只要不看重财富的积累，而是用心去感受生活，那么，对生活的感受会是幸福美好的。

走过施工中的街道，有人会皱着眉抱怨："挖！挖！挖！无处不挖！不乱挖马路就没事做是不是？"有人却能如常地过日子，不会因外在环境的变化而使心情受到影响。

生活不可能尽如人意，总为不尽如人意的事情生气，是跟自己过不去。改换一个角度、观念去看待造成你不便的人或事物，也许你就不烦了。如此，生活便会少了不悦，而多出美好。一个渔夫住在海边数十年，从没离开过渔村。一名都市来的钓客问他："你不觉得一辈子待在这里，很没意思吗？"渔夫回答："怎么会？我每天都在享受不同的生活！"一位病人长期卧床，一直待在医院里。他的亲人问他："整天躺在床上，很无聊吧？"他回答："不！我虽躺在小小的病床上，但却能看见常人看不到的万千风景！"

生活是靠内在心灵去感受，而非全由外在物质构成。就如一片叶子飘落，你能看见其中的诗情，也能看见其中的哀愁。用包容、豁达的心情看待世事，即使身处生命的低谷，也能觉察、感受到人世的美好。

成功的人生，不该只看重物质成就而累积财富。全心打拼事业，待走到生命终点，回首观望，是失掉了一切，还是收获良多？人为什么活着，说到底是为了体验、创造一个完美的自我，享受物质和精神的双重快感，并为后来者创造尽可能多的物质财富和精神财富。

一位被很多人认为很成功的企业家，临终前说了一句话："我这辈子最大的遗憾是，我有这么成功的事业。"事业剥夺了他与亲人相处的很多时间，剥夺了他品味生活的很多时间，也等于剥夺了他一辈子的岁月，以至于他的人生成就少得只有一项"成功的事业"了。这样的人，一生都从未对生活有过什么感受，因为他从未感受过生活。

如果不过于看重财富的积累，而是用心感受生活，那么对生活的感受将会是幸福美好的。

其实，幸福是一种绝对自我的感觉，一种源自内心深处的平和与协调，一个人幸福与否，过得好与不好，最终都得回归自我，都得听从心灵的呼唤。只要你觉得自己是幸福的，你就是幸福的。反之，如果自己感觉不到幸福，那就别再耽误了，尽快从头开始，用心去感受生活吧！

2. 对生活常抱一颗感恩的心

感恩者遇上祸，祸也能变成福；而那些常常抱怨生活的人，即使遇上了福，福也会变成祸。

有两个行走在沙漠的商人，已行走多日。他们在口渴难忍的时候，碰见一个赶骆驼的老人，老人给了他们每人半瓷碗水。两个人面对同样的半碗水，一个抱怨水太少，不足以消解他身体的饥渴，怨恨之下竟将半碗水泼掉了；另一个也知道这半碗水不能完全解除身体的饥渴，但他却拥有一种发自心底的感恩，并且怀

上辑｜宽心的智慧

着这份感恩的心情，喝下了这半碗水。结果前者因为拒绝这半碗水而死在沙漠，后者因为喝了半碗水终于走出了沙漠。

只要你对生活怀有一颗感恩的心，你就会有一种平静的心态，遇到灾难也不会乱了手脚，会熬过去的，而那些常抱怨生活的人，成功就会与他失之交臂。

南非的曼德拉，因为领导反对白人种族隔离运动而入狱，白人统治者把他关在荒凉的大西洋小岛罗本岛上27年。当时尽管曼德拉已经高龄，但是白人统治者依然像对待一般的年轻犯人一样虐待他。

当1991年曼德拉出狱当选总统以后，他在总统就职典礼上的一个举动震惊了整个世界。

总统就职仪式开始后，曼德拉起身致辞。他先介绍了来自世界各国的政要，然后他说，虽然他深感荣幸能接待这么多尊贵的客人，但他最高兴的是当初他被关在罗本岛监狱时，看守他的3名前狱方人员也能到场。他邀请他们站起身，以便他能介绍给大家。

曼德拉博大的胸襟和宽宏的精神，让那些残酷虐待了他27年的白人无地自容，也让所有到场的人肃然起敬。看着年迈的曼德拉缓缓站起身来，恭敬地向3个曾关押他的看守致敬，在场的所有来宾都静下来了。

后来，曼德拉向朋友们解释说，自己年轻时性子很急，脾气暴躁，正是在狱中学会了控制情绪才活了下来。他的牢狱岁月给了他时间与激励，使他学会了如何处理自己遭遇苦难的痛苦。他说，感恩与宽容经常是源自痛苦与磨难的，必须以极大的耐心来训练。

他说起获释出狱当天的心情："当我走出囚室、迈过通往自由的监狱大门时，我已经清楚，自己若不能把悲痛与怨恨留在身后，那么我其实仍在狱中。"

我们总是烦恼缠身，总是充满痛苦，总是怨天尤人，总是有那么多的不满和不如意，是不是因为我们缺少曼德拉式的宽容和感恩呢？

记住曼德拉27年牢狱生活的总结：感恩与宽容经常是源自痛苦与磨难的，必须以极大的毅力来训练。

感恩与宽容是一种非凡的气度、宽广的胸怀，是对人对事的包容和接纳。感恩与宽容是一种高贵的品质、崇高的境界，是精神的成熟、心灵的丰盈。

只要我们对生活怀有一颗感恩的心，就会有一种平静的心态，遇到灾难也不会乱了手脚，会熬过去。

3. 心胸坦荡，寝食无忧

俗语说得好：千百个生命有千百种人生，千百条路有千百个人行。只要一直用心追求那么一种平平淡淡、真真实实的坦荡，就会有一种生活的轻松与平静，就会有一片豁达的天空和一个充实的人生。豁达、坦荡的生活，快乐会如期而至；豁达、坦荡的生活，便是享受人生本身。永远乐观、不怕失意的人，即使跌下万丈悬崖，也会坚强地活下去，而且高唱凯歌的回来。

《菜根谭》中有这样一段话："处事让一步为高，退步即进步的根本；待人宽一分是福，利人是利己的根基。"这是一种大度，是心怀宽广的君子所为。假如生活欺骗了你，你是否也会不失这种君子的风范呢？

佛教是一种崇尚宽容精神的宗教。"更却心头火，剔起佛前灯"，深刻透视了佛门中人的宽厚胸怀。有这么一个故事：

白隐禅师附近住着一对夫妇，家有一女，未曾出嫁却怀了孩子，父母逼问女儿要她说出孩子的父亲，姑娘竟指为白隐。这对夫妇怒不可遏，找到白隐，对他狠狠侮辱了一番。白隐听完后，只说了一句话："就这样吗？"孩子出世后，这家人将他送给白隐抚养。白隐走家串户去给孩子讨奶水，不知被多少人讥笑，但他却不介意，依然仔细地照顾孩子。几年后，这件事情真相大白，原来孩子的真正父亲是一个市井无赖。这家人上门向白隐赔礼道歉，要求索回孩子。白隐交回孩子时，同样只是轻轻地又说了一句话："就这样吗？"

我们在现实生活中确实不免会遭遇到这样或那样的屈辱与诽谤。当这样的时刻来临的时候，我们能否像白隐禅师一样泰然处之呢？"就这样吗"，简单的几个字却蕴含了多少深意。

孔子说："君子坦荡荡，小人长戚戚。"心胸坦荡，才能寝食无忧，与人交而无怨，是做人处世的艺术。难怪谚语亦云："月过十五光明少，人到中年万事和。"人生本不必过于苛责别人，得饶人处且饶人，何苦双眉拧成绳？这不仅是人与人之间交往的艺术，也是立身处世的一种态度，更是做人的涵养。

在大丈夫的心中，天地永远是宽阔的，生活是快乐的，精神是自由的。所

上辑 宽心的智慧

以，襟怀坦荡的人常以退一步海阔天空作为立世不倒的生活箴言，抱着无可无不可、可为可不为的豁达态度，享受自己的清静与快乐。

4. 严以律己，宽以待人

孟子说，"君子之所以异于常人，便是在于能时时自我反省。即使受到他人不合理的对待，也必定先反省自己本身，自问，我是否做到了仁的境地？是否欠缺礼？否则别人为何如此对待我呢？等到自我反省的结果合于仁也合于礼了。而对方强横的态度却仍然不改。那么君子又必须反问自己，我一定还有不够真诚的地方。再反省的结果是自己没有不够真诚的地方，而对方强横的态度依然如故，君子这时才感慨地说，他不过是荒诞的小人罢了。这种人和禽兽又有何差别呢？对于禽兽是根本不需要斤斤计较的"。

孟子的话启示我们，一个真正有大胸襟、大气度的人，在与别人发生矛盾、冲突后，不仅不会对非原则性的问题喋喋不休、抓住不放，不仅只是不计小人之过，而且关键是要有严于责己的精神。只有具备严于责己的态度，才能真正不计小人之过，真正的谦恭。

大至国家的君臣，小至个人私交，发生矛盾之后，如果双方都有责己的雅量，则任何矛盾都不难解决。如果只把眼睛盯着对方，只知道责备对方，不检讨自己，隔阂、怨恨就会越积越深，以至矛盾激化。

即使过失的责任在别人身上，或者主要在别人身上，在批评别人的时候，也应有"见不贤而自省"的气度。既责人，又责己；先正己，后正人。这就是古人说"责人者必先自责，成人者必先自我"，"专责己者兼可成人之善，专责人者适以长己之恶"（清李煜《西讴外集·药言利稿》）。责己就是从我做起，以实际行动和活的榜样去教育人、感化人。这样，别人才会心悦诚服，教育批评才起作用。如果只责人，不责己，就会放纵自己的错误。自身不正，去批评教育别人，又有谁会听呢？

历史上具有人格感召力的人都是严于律己的。诸葛亮为蜀之相国，"善无微而不赏，恶无纤而不贬"，但"刑政虽峻而无怨者"。这不仅因为他"用心平而劝诫明"，还因为他严于律己，以身作则。街亭之役，马谡违反诸葛亮的节度，举动失宜，使蜀军大败。诸葛亮既斩了马谡，又上书检讨自己"授任无方"、用人不当的过失，自贬三级。

宽容不会失去什么，相反会真正得到，得到的不只是一个人，更会是得到人的心。要做到宽容，领导者首先要有宽广的心胸，善于求同存异，虚心听取各种不同的意见和建议，不要总是对一些细枝末节斤斤计较，更不要对一些陈年旧账念念不忘，因为领导人的一言一行都可以成为属下在意的对象。

日本松下公司的创始人松下幸之助以其先进的管理方法，被商界奉为神明。他就极善于运用糊涂哲学。

后腾清一原是三洋公司的副董事长，慕名投奔到松下的公司，担任厂长。他本想大有作为，不料，由于他的失误，一场大火将工厂烧成一片废墟。后腾清一十分惶恐，因为不仅厂长的职务保不住，还很可能被追究刑事责任。他知道平时松下是不会姑息部下的过错的，有时为了一点小事也会发火。但这一次让后腾清一感到欣慰的是松下连问也不问，只在他的报告上批示了四个字："好好干吧。"

松下幸之助的做法看似不可理解，这样大的事故竟然不闻不问。其实这正是松下的精明之举。

后腾清一的错误已经铸下，再深究也不能挽回公司的经济损失。另外，在犯小错误时，大多数人并不介意，所以需要严加管教。而犯了大错误，任何人都知道自省，还用你上司去批评吗？松下的做法深深地打动了下属的心。由于没有受到惩罚，后腾自然会心怀愧疚，对松下更加忠心效命，并以加倍的工作来回报松下的宽容。

松下用自己的宽容，换得了后腾清一的拥戴。

糊涂上司懂得宽容之心在企业管理中的重要性。宽容犹如春天，可使万物生长，成就一片阳春景象。宰相肚里能撑船，不计过失是宽容，不计前嫌是宽容，得失不久据于心，亦是宽容。宽容之所以必要，一则因为宽容可以赢得下属的忠诚，保持其积极进取的心；二则因为宽容可以使自己不受一时得失的影响保持对事情正确的判断；三则因为宽容可以建立企业内部融洽的关系。

宽以待人的上司看似糊涂、软弱，实则为自身进步发展创造了良好条件。糊涂上司的精明之处，便在于此。以宽容对待狭隘，以礼貌谦恭对待冷嘲热讽，不

上辑 宽心的智慧

将心思牵于一事一物，不将一丝哀怨气恼挂在心头，这是作为一位领导者理应具备的容人雅量。

5. 学会选择幸福

幸福的感觉其实只是一种选择，一个人如果能够学会选择幸福，则人生处处充满微笑。

秋天的阳光那么明媚灿烂，她却坐在马路边抱头痛哭。行人匆匆，素不相识的人们很快就把那绝望的哭声扔在身后。看不清她的面庞，只看到她消瘦的背影，那消瘦的背影伴随着她的哭泣在不停地颤抖。

"为什么哭？遇到了怎样不顺心的事情？"经过一番思想斗争，我蹲下身，挨着她坐下。

她不讲话，仍然在哭，还是那么伤心。"想开些，无论遇到什么不痛快的事，都要想开些，天掉下来有地接着……"我的语气是真诚的、友爱的。

"我这是过的什么日子，我想想就懊悔……我怀孕的时候，他打我，他把我从楼梯上面往下推……"她断断续续地讲着，抬起头来迅速瞥了我一眼，低下头继续哭。她的眼睛又大又黑，如果把脸颊与脖子上的灰尘洗干净了，应当是个好看的女人，也是个年轻的女人。

"哭有什么用？你的丈夫，忍心看你一个人在这里哭，他根本没有把你放在心里。你越哭，他越觉得你没本事，你回家好好跟他谈谈，让他改邪归正。如果改了，好，日子继续过下去；如果不改，和他离婚！"

"孩子刚刚三岁，离婚的话……"女人依然低着头继续哭。

"你应该为孩子活着，但更应该为自己活着。你别哭了，回去把脸洗干净，把头发梳理整齐，把身上这套黑衣服换成花的。该吃饭就吃饭，该照顾孩子就照顾孩子，做好该做的事情。别只知道哭，哭是无能的表现。"

惊天动地的哭声变成了轻轻地啜泣。

"你的嗓子都哭哑了，你喝点水吧，我们都该回家了。"我将手中的矿泉水放在她的身边，她抬起头望了我一眼，目光里蕴含着感激与信任。

望着她渐渐消失的背影，我的心情久久不得平静。想起一个荒谬的笑话，讲的是一个失恋的青年到酒吧借酒浇愁，恰巧遇到一个落魄潦倒的醉汉，他喝了吐，吐了喝。青年便忍不住问他生活中到底遇到了什么不幸，值得这样糟蹋自己。"我太不幸了，"醉汉答道，"我前后娶过三个老婆，前两任都不幸暴毙，现在这一个，昨天还好好的，此时却躺在医院昏迷不醒了。"青年同情地看着醉汉问："好好的为什么忽然就昏迷不醒了呢？""因为她不肯像前两个那样乖乖地吃下毒药，所以我一时受不了，便按着她的头去撞墙直到撞晕了她。"

是的，一个人的不幸常常是自找的。心理学家说过，幸福的感觉其实只是一种选择，一个人如果能够学会选择幸福，则人生处处亮光。很多人感觉不幸，其实都是自己的心态所致，命运对待他们并不比他人苛刻。

在困难面前，只有擦干泪水，仰起头来凝视蓝天、享受阳光，才会拥有幸福的生活。你的家人和朋友也会因此轻松愉快，世界会因此变得更加美好。

6. 习惯性的宽容可以带来平静

世界上很少有人天生就有好脾气，但也没有哪个人天生脾气就十分糟糕，即使经过一定的教养也不能加以改善。

马修·亨利说："我曾经听说，有一对大虾的脾气都很急躁，但他们在一起共同生活却相安无事，过得舒适而安逸，因为他们制定了一条共同遵守的原则——一个人发怒时另一个就保持冷静和宽容。"

苏格拉底一旦发现自己将要发火时，就会降低声音来控制怒气。如果你意识到自己处于情绪激动的情况下，那么一定要紧闭嘴巴，以免变得更加愤怒。许多人甚至会因为过分愤怒而丧命，突然的暴怒往往会引发一些突发的疾病。

习惯性的宽容所带来的平静是多么美妙呀！它能使我们免除多少激烈的自我谴责啊！一个人面对突如其来的挑衅，能够做到一言不发，表现出一种未受干扰的平静心态。当他这样做时，他必定不会感到后悔，而是认为自己做得完全正确，所以他的内心会非常安宁。

相反，如果他当时发怒了，或者仅仅因为当时的愤怒，或者因为自己不小心说错了话，或者表现了内心深处的真实想法，从而使他显得有失风度，随后他必定会有一种深深的不安。紧张和易怒是一个人个性中最严重的缺陷之一，它往往

上辑 宽心的智慧

是激化矛盾的催化剂，它往往会破坏一个人处世的原则，使他的个人生活变得一团糟。

阿特姆·沃德说："乔治·华盛顿可以称得上世界上最优秀的人了。他头脑清楚、为人热心、处事冷静。他从来不会突然爆发激烈的感情或者陷入深深的感伤！大多数公众人物的主要缺陷就是感情的爆发或者情绪波动。他们行事匆忙而草率。在压力大的时候他们往往无所适从。他们急不可待地跳上路过的第一匹马，一点都没有注意到正有一只蜜蜂叮在它身上，这匹马四处乱踢、心浮气躁。当然，这个人肯定会从马背上摔下来，只是一个早晚的问题。当他看到大家蜂拥而至，对他赞不绝口时，他马上开始变得心浮气躁、盛气凌人，而不是心平气和、实事求是。他们不懂得，现在大家把他捧到天上，一旦他们认为自己受骗上当，就会毫不犹豫地把他狠狠地摔在地上，从此他就可能一蹶不振。华盛顿从来没有出现过这样的情况，他根本不是那样的人。"

亚伯拉罕·林肯刚成年的时候，是一个性急易怒、一触即发的人。但后来，他学会了宽容，成了一个富有同情心、具有说服力又有耐心的人。他曾经对陆军上校福尼说："我从黑鹰战役开始养成了控制脾气的好习惯，并且一直保持下来，这给了我很大的益处。"

出口不逊的言辞从未给任何一个人带来过一丁点儿好处，那只是虚弱的标志。没有人会因为它而变得更富有、更愉悦或更聪明。它从不会使人受到他人的欢迎；它令教养良好的人反感，使善良的人感到厌恶。

著名作家莎士比亚曾经描写了无数失控的情绪造成的精神毁灭的例子。他笔下的约翰王，因其对权力的欲望逐渐泯灭了高尚的品质，结果沉沦到几近失控的地步，像一头野兽。李尔王则是失控情绪的牺牲品。在麦克白先生那里，野心超越了荣誉，甚至促使他走上犯罪的道路，而谋杀后的恐惧、懊悔与自责又立即带来了可怕的报应。而奥赛罗是被自己嫉妒的怒火慢慢毁灭的，许多其他人物的遭遇更说明了这样的道理：那些不能宽容的人一定会遭到他们朋友的冷落。

许多名人写下了无数文字来劝诫人们要学会宽容。詹姆士·博尔顿说："少许草率的词语就会点燃一个人、一家邻居或一个民族的怒火，而且这样的事情在历史上常常发生。许多的诉讼和战争都是因为言语不和而引起的。"乔治·艾略特则说："如果人们能忍着那些他们认为无用的话不说，那么他们多数的麻烦都可以避免。"

赫胥黎曾经说过这样的话："我希望看到这样的人，他年轻的时候接受过很好的训练，有着非凡的意志力。应意志力的要求，他的身体乐意尽其所能去做任何事情。他应头脑冷静，逻辑清晰。他身体所有的力量就如同机车一样，根据其精神的命令准备随时接受任何工作。"

世界上没有人天生有那种不需要任何注意和控制的好脾气，但也没有哪个人天生脾气就十分糟糕。如果你意识到自己正处于情绪激动的情况下，那么一定要注意控制自己，以免变得更加愤怒。

7. 善待自己，快乐生活

做到善待自己，就要做到看得开，想得开，珍惜生命，享受生活。人生在世，不如意事常八九。世上没有解不开的结，就怕你看不开，想不开。

善待自己，就是珍惜自己，爱护自己；善待自己，就是善待自己的一言一行，一举一动，也就是"言必行，行必果"；善待自己，就是把自己的才能、潜力最大限度地发挥出来；善待自己，就是对社会、家庭、事业和周围的人负责；善待自己，就是善待生命，善待人生。

王明现在是一家公司的市场部经理。3年前，在外有情人的丈夫和她离了婚。虽然有了孩子，但王明并未放弃对生活的热爱和对幸福的追求。她自学考研，自修管理专业，还要照顾幼小的孩子，但她却说她的生活很充实，至少没有了和丈夫的争吵和对他的愤怒。她坚信，必须以实际行动告诉孩子，他虽然没有父亲在身边陪伴，却有一个自信坚强的母亲。孩子慢慢长大，现在，她每周都带孩子去游乐园玩，有时还请假带孩子短游几天，孩子也很聪明开朗。最近，她又和一位优秀的男士结了婚，现在笑容每天都挂在她的脸上。

王明可以说是一位坚强的女性，她并未因失去丈夫而自暴自弃，也并未因为孩子小而让她感觉到有负担，而是作为一个母亲，勇敢承担起做母亲的责任，照顾孩子，发展自己，最终获得自己想要的幸福，这就是善待自己的典范。

每个人在自己的哭声中来到这个世界，在别人的哭声中离开这个世界，这来去之间，便是生命的历程。相对于茫茫宇宙，这只是短暂的一瞬，而对于你我却

上辑 宽心的智慧

是一生一世。所以，我们要时刻懂得善待自己，为快乐而活。

世事难料，上天不会眷顾每一个人，甚至会在"降大任于斯人"之前，先"苦其心志"。既然我们无法改变这些，那么不管处境多难，过得多苦多凄惨，只要我们真正能体会到生命的尊严与来之不易，明白存在的价值，就会油然而生对自己心灵的感动，就会由衷地觉得好好活着是多么美好。所以，当今天我们还拥有这一颗起伏跳动的心时，要懂得善待自己，为快乐而活。

为快乐而活，不是争名夺利，不是穿金戴银，不是锦衣玉食，而是追求心中的一份宁静平和，让自己时刻保持乐观大度的心态。生命，上天都给予我们了，就不要因为自身条件的不如意而痛苦、懊恼地折磨自己。与其这样身心疲惫地折腾自己有限的生命，为何不充分利用这个时间来享受此刻我们所拥有的一切呢？亲情、爱情、友情、阳光、空气……还有让自己变得快乐起来的心情！这才是为自己而活的最高境界。

善待自己，因为你是你今生的唯一；善待自己，你将获得对自己的认同和理解；善待自己，为使自己能更好地给予他人。

意大利戏剧家皮兰德娄说："我们每个人身上都拥有一个完整的世界，在每个人身上，这个世界都是你自己的唯一。"

你应该这样告诉自己："若没有我，我的自我将变成一纸空文；若没有我，我的生命将戛然而止；若没有我，我的世界将变成一片废墟。尽管在整个宇宙中我不过是沧海一粟，但对于我自己，我是我的全部。为此我必须首先珍重自己，才能得到别人的珍重；我必须善待自己，才对得起造物主的恩赐。"

当真正领悟到生命比一切都重要的时候，我们便可以真正地善待自己了。只有做到生命、心态、灵魂三者完美结合，才算是真正的善待自己。生命诚可贵，自身价更高。朋友，人生是短暂的，时刻善待自己，快乐的生活吧！

8. 幸福无所不在

你快乐吗？

这是一个简单的问题。这又是一个复杂的问题。

人生在世，谁都希望生活得快快乐乐，快乐的人生是一次成功的旅行。拥有快乐的心情会感到活着是美好的，但只有理解了快乐的真谛，才可能拥有真正快乐的人生。

快乐是一种发自内心的情感，是一种清澈美妙的内心感受。真正的快乐是生命本性的自然流露，来源于自己精神的内部，并不为外物所左右。

人有生理上的需要，所以离不开物质生活。尽管金钱能买到一切物质的东西，可以充实人的物质生活，但是人的精神生活，却不是有了钱便能满足的。

人生在世，重要的不是过得如何舒服，活得多么安逸，而是要活得心安理得、快乐充实，充分的把生命的价值发挥出来。

真正幸福美满的人生，是来自不能用金钱去衡量的智慧和修养。金钱无法购得知识和学问，不能增进人的道德水准和涵养功夫，这一点是绝对无法否认的。不然的话，富人岂不是个个都成快活神仙了。

对于个人来讲，你可能是幸福的、满足的，也可能是不幸福的。

决定你幸福与否的因素只有一点——你接受积极还是消极心态的影响，而这个因素是你所能控制的。

心理学家说：幸福与心态的积极与否密切相关。如果一个人决心获得这种幸福，那么就能得到这种幸福。而心态消极的人不仅不会吸引幸福，相反还排斥幸福。即使幸福悄然降临到身边，也会毫无觉察，或者失之交臂。

有一则寓言说，有一个老人，在临死前对儿子说："孩子，我快死了，我希望你过上好日子。"

儿子说："父亲，你告诉我，怎么才能使生活幸福？"

父亲答道："你到社会上去吧，人们会告诉你找到幸福的办法。"

父亲死后，儿子就出发了，到外面的世界去找幸福。他走到河边，看见一匹马在岸上走，这匹马又瘦又老。马问："青年人，你到哪里去啊？"

"我去找幸福，你能告诉我怎么找吗？"

"小伙子，你听我说，"马回答道，"我年轻时，只知道饮水，吃草籽，我甚至把头转到食槽里，就会有人把吃的东西塞进我嘴里。除了吃以外，别的事我什么也不管。所以，当时我认为在这个世界上我最幸福的了。可是现在我老了，别人把我丢弃了。所以我告诉你，青年时要珍惜自己的青春，千万不要像我过去那样。不要享受别人给你准备好的现成东西，一切都要自己干，要学会为别人的

上辑　宽心的智慧

幸福而高兴，不要怕麻烦。这样，你就会永远感到幸福。"

青年继续走下去。他走了很多路，在路上碰到一条蛇。

蛇问："小伙子，你到哪里去？"

"我到世界上去寻找幸福。你说，我到哪里去找呢？"

"你听我说吧，我一辈子以自己有毒液而感到自豪。我以为比谁都强，因为大家都怕我。我这种想法是不对的。其实大家都恨我，都想要杀死我。所以，我也要避开大家，怕大家。你的嘴里也有毒液，所以你要当心，不要用语言去伤别人，这样你就一辈子没有恐惧，不必躲躲闪闪，这就是你的幸福。"

青年又继续朝前走了。走啊，走啊，他看见了一棵树，树上有一只加里鸟——它的浅蓝色羽毛非常鲜艳、光亮。

"小伙子，你到哪里去？"加里鸟问。

"我到世界上去寻找幸福。你知道什么地方能找到幸福吗？"

加里鸟回答说："小伙子，看来，你在路上走了很多日子了，你的脸上满是灰尘，衣服也破了，你已变样了，过路人要避开你。看来，幸福同你是没有缘分了。你记住我的话：要让你身上的一切都显得美，这时你周围的一切也会变得美了，那时你的幸福就来了。"

青年回家去了，他现在明白：不必到别的地方去找幸福，幸福就在自己身边。

还曾听说过这样一个故事：一个人历尽艰险去寻找天堂，终于找到了。当他欣喜若狂地站在天堂门口欢呼"我来到天堂了"时，看守天堂大门的人诧然问他："这里就是天堂？"欢呼者顿时傻了："你难道不知道这儿就是天堂吗？"

守门人茫然摇头："你从哪里来？"

"地狱。"

守门人仍是茫然。欢呼者嗟叹："怪不得你不知天堂何在，原来你没去过地狱！"

你若渴了，水便是天堂；你若累了，床便是天堂；你若失败了，成功便是天堂；你若痛苦了，幸福便是天堂。总之，若没有其中一样，你断然不会拥有另一样的。天堂是地狱的终极，地狱是天堂的走廊。当你手中捧着一把沙子时，不要丢弃它们，因为金子就在其间蕴藏。

幸福在哪里？问过无数次的问题，其实就在我们的心中。只要我们肯保持一颗开放的心灵，幸福是不用到处去寻找的。

天上有只鸟在飞。一位拄锄田头的人叹气道："它真苦，四处飞翔为觅一口食。"另一位倚窗怀春的少女也正好在看这只鸟，她叹气说："它真幸福，有一双美丽的翅膀。"面对同一种境况，不同的人有不同的心情、见解。满怀希望，你就会有一种振奋的感觉；失意悲观，你就会有一种痛苦或失落的感叹。当自己的人生理想不能实现，或者见解、行为不为世人所理解时，就会迷惘、失意。现实生活中的种种情绪，会使人对境况产生相同的或近似的联想、类比。

有一位小学教师对她的学生进行了一次心理实验。

她对学生们说："最近的科学报告已证实，在学习上，蓝色眼睛的孩子比棕色眼睛的孩子更聪明，学习成绩更好。"她将学生分成"蓝眼睛组"和"棕眼睛组"。

大约一周左右，"棕眼睛组"的能力水平明显下降，而"蓝眼睛组"的能力有了显著的提高。然后她对全班宣布，是她弄错了，蓝眼睛和浅色眼睛的孩子是"弱者"，而棕色或深色眼睛的孩子才是"强者"。很快"棕色眼睛"的学生能力提高了，而"蓝色眼睛"的学生能力下降了。

我们的命运，很大部分取决于我们的心理状态。爱默生说："一个人就是他每天所想的那样——他不能够是别的样子！"曾经统治罗马帝国的伟大哲学家马尔卡斯·阿流士，把这个道理总结成一句话——生活是由思想塑造的。

思想本身，以及怎样运用思想，能把地狱造成天堂，也能把天堂变成地狱。

假如我们想的都是快乐的事情，我们就能快乐；假如我们想的都是悲哀的事情，我们就会悲哀；假如我们想到一些可怕的情况，我们就会害怕；假如我们想的是不好的念头，恐怕就很难保持内心的宁静平和了；假如我们想的全是失败，我们就会屡遭败绩；假如我们总认为自己是个可怜虫，大家就会对我们敬而远之。诺曼·文森·皮尔说："你并不是你想象中的那样，而你却是你所想的。"

一个人因发生的事情所受到的伤害，比不上因他对发生事情所拥有的偏见来得深。如果你感到不快乐，那么唯一能找到快乐的方法，就是振奋精神，使行动和言词好像已经感觉到快乐的样子。

对我们说来，幸福就是把自己的工作做好，又能拥有轻松休憩的时候。

　　幸福是拥有一些熟悉、不需客套的朋友，能够相互分担、分享彼此的烦恼、快乐；尽管观点有所差异，却永远相互尊重。

　　幸福是拥有一个舒适的工作间：书架上列满了各式各样自己所喜欢的，对自己有助益、启发的书，笔筒里都是自己所珍爱的文具，四周有绿色植物芳馨围绕，还有一把坐再久都能觉得舒适的座椅。

　　幸福是冬天泡个热水澡，夏天与家人大啖冰西瓜。

　　幸福是自己自由闲适地弹奏，沉浸于巴赫、贝多芬的乐曲。

　　幸福是拥有相互了解的人生伴侣，拥有身心的平和与宁静，不管境况是顺是逆，都能知足常乐、惜福感恩。

　　幸福是自觉到每天在人生的各个方面都有所成长，享有一种更具成果与创造性的生活。

　　幸福是与过去和睦相处，将目光对准现在，对未来保持乐观。

　　幸福是我们对自己及周围环境或人生目的感到满足、和谐的一种状态。人生的幸福大多是主观的，因而幸福无所不在。

经典小测试：你心理适应能力有多强

测试攻略

　　测试意义：★★★

　　准确指数：★★

　　测试时间：18分钟

测试情景

　　心理适应性的强弱关系到我们能否工作得愉快、生活得幸福。很多人在离开一个熟悉的地方到另外一个地方时，总是有段心理适应期，在这段时间内，可能会遇到很多的不愉快。那么，你心理适应能力有多强呢？

测试问答

　　1.当收到来自税务局或环境监理会的一封沉甸甸的信时，你会有什么反应。

　　　　A.试着自己来弄清事情的缘由。

　　　　B.装作没看见，随便谁捡起谁去处理。

C.找个理由推给办公室其他同事去处理。

2. 你急着赴约，中途却被拥挤的交通所阻，你会怎么处理？

　　A.变得急躁不安，同时想象等候者恼火的样子。

　　B.设想等候者会体谅你是不得已而迟到。

　　C.很着急，但想想也无益，干脆不去想了。

3. 你有一件很重要的东西不见了，这时你会怎么做？

　　A.急忙把那些可能的地方找一遍。

　　B.疯狂地掀起地毯来搜索。

　　C.不动声色地对最近一段时间的行为做一番仔细回顾。

4. 你向来用钢笔写字，现在要你换圆珠笔书写，你能不能适应？

　　A.感到别扭。

　　B.有时有点不顺手。

　　C.感觉上与用钢笔没什么差别。

5. 你在大会上演说的姿态、表情、条理性及准确性与你在科室里讲话相比怎样？

　　A.基本上没什么差别。

　　B.说不准，看具体的情况而定。

　　C.显然要逊色多了。

6. 改白班为夜班之后，尽管你做了努力，但工作效率总不如那些和你同时改班制的人高，是吗？

　　A.对。

　　B.说不上。

　　C.不是这样的。

7. 你手头的任务已临近最后的截止日期了，你会是什么样的工作状态？

　　A.变得更有效率了。

　　B.开始错误百出。

　　C.心中暗急，但仍勉力维持正常状况。

8. 在与人激烈争吵了一番以后，你会怎么处理？

　　A.转回到工作上，但有时难免走神。

B.唠叨个不停，工作量递减。

C.不受影响，继续专心工作。

9. 你出差或旅游到外地，住进招待所、旅馆，睡在陌生的床铺上，你感觉和家里一样吗？

A.失眠得很厉害，连调一种睡眠姿势、换一个枕头也会引起新的失眠。

B.有时会失眠。

C.和在家感觉没什么差别。

10. 参加一个全是陌生人的聚会，你会感到拘束吗？

A.先灌几杯酒让自己放松一下。

B.有时感到不自在，有时又能从这种状态中摆脱出来，与人相叙甚欢。

C.立即加入最活跃的一群，热烈谈话。

11. 工作的单位每年都会换时间，换了时间后你能很快适应吗？

A.在相当长一段时间内发生紊乱。

B.起初的两三天感到不习惯。

C.很快就习惯了。

12. 有人劈头盖脸给了你一顿指责攻击，你会很生气，并加以回敬吗？

A.头脑清醒，冷静而适度地予以回击。

B.一下蒙了，过后才去想当时该如何进行反击。

C.在当时就还了几句，但不甚中要害。

13. 你事先给一位朋友打电话预约登门拜访，他答应届时恭候。可当你如约前往，他却有急事出去了。这时，你会怎么做？

A.有些不满，但既来之则安之。

B.嘀咕不已。

C.充分利用这一空当，为自己下一步要做的事计划一番。

14. 只有在安静的环境中，你才能读书，外面喧哗嘈杂之时你便分心吗？

A.是的。

B.看热闹的程度而定。

C.不，只要不是跟我吵，坐在集市货摊之间也照读不误。

15. 同学们总说小王脾气执拗、难以相处，你怎么看呢？

　　A.倒觉得小王蛮好接近的，大家恐怕太不了解他。

　　B.说不上对他什么感觉。

　　C.也有同感。

测试解析

评分标准：选A为1分；选B为0分；选C为-1分。

8～14分，很容易适应周围的变化。

世界千变万化而你"游刃有余"，生活中的各种压力你常能化之于无形。你过的心情愉快、万事如意，这种精神品质有利于你的心理平衡与健康，你是个生命力强的人。

0～8分，适应期相对比较长。

事物的变化及刺激不会使你失魂落魄，一般情形你都能作出相应的适度反应。可是如果事件比较重大，变得比较突兀，那么你的适应期就要拖长。你了解这种情况之后，最好预先准备，锻炼自己的快速适应能力。

0分以下，很难适应社会或周围环境的变化。

你对世界的变化、生活的摩擦很不习惯，如此磨损你会过早"断裂"的。不过，只要意识到了，还是有希望改善此状况的。首先你要从思想上对那些你总是看不惯的东西冷静地剖析一番：它们真是十分难以忍受吗？其次，要在心理上具备灵活转移、顺应时变的快速反应能力，不要将自己拘禁在惯有的固定模式中。

测试点拨

面对纷繁复杂的现代社会环境，人们越来越需要具有良好的心理适应能力，保持良好的精神状态、社会适应和人际关系，以胜任各项富有挑战性的工作。否则便会产生自卑感和自信心不足，跟不上现代社会的节奏。

如何来做好心理适应调整？首先要客观地认识自我，树立起信心；其次是建立起一个现实的期望，对自己的发展必须建立在现实的基础上，并建立起适当的代偿机制，扬长避短，争取成功；再次，是对生活采取开放态度，处处替他人着想，切忌以自我为中心，要胸襟坦荡，善于接受别人及自己；最后，在工作中及与人交往上做好自我调节，平衡心理，才能在激烈的竞争社会中得到发展，保持良好的心理适应能力。

上辑 宽心的智慧

第五章　贪大求多烦恼生，淡泊明志俭养德

——心宽是一种品格的升华

心宽是一种品格的升华。人在宁静之中心绪像秋水一样清澈，可以见到心性的本来面貌。在安闲中气度从容不迫，可以认识心性的本原之所在。在淡泊中意念情趣谦和愉悦，可以得到心性的真正体味。

1. 以平常的心态对待财富

人生在世，没有钱虽然寸步难行，但钱绝对不是万能的。钱只可以满足一定的物质欲望，而不能带来真正的快乐。只有学会做它的主人，做到知足常乐，才能创造快乐。

俗话说："人为财死，鸟为食亡。"钱财确实给人带来了不少快乐，但也给人带来不少烦恼。记得有首歌曾经这么唱道："钱啊！大姑娘为你走错了路，小伙子为你累弯了腰，钱啊！你是杀人不见血的刀。"

对于有些人来说，把钱财看得太重。自己无钱财时眼红别人，不择手段千方百计地得到钱财；自己有钱财时又非常吝啬，亲兄弟之间甚至于对父母也是毫厘必争。对这些人来说，钱财不仅是烦恼，而且能使其丧命，当然不会给他们带来快乐。

有一个有钱人，每天早上经过一个豆腐坊时，都能听到屋里传出愉快的歌声。这天，他忍不住走进豆腐坊，看到一对小夫妻正在辛勤劳作。富人恻隐之心大发，说："你们这样辛苦，只能唱歌解忧，我愿意帮助你们，让你们过上真正快乐的生活。"说完，掏出一大笔钱，送给小夫妻。这天夜里，富人躺在床上

想："这对小夫妻不用再辛辛苦苦做豆腐了，他们的歌声会更响亮的。"

第二天一早，富人又经过豆腐坊，却没有听到小夫妻俩的歌声。他想，他们可能激动得一夜没睡好，今天要睡懒觉了。但第二天、第三天，还是没有歌声。富人感到非常奇怪。就在这时，那做豆腐的男主人出来了，拿着那些钱，一见到富人便急忙说道："先生，我正要去找你，还你的钱。"富人问："为什么？"年轻的豆腐师傅说："没有这些钱时，我们每天做豆腐卖，虽然辛苦，但心里非常踏实。自从拿了这一大笔钱，我和妻子反而不知如何是好了——我们还要做豆腐吗？不做豆腐，那我们的快乐在哪里呢？如果还做豆腐，我们就能养活自己，要这么多钱做什么呢？放在屋里，又怕它丢了；做大买卖，我们又没有那个能力和兴趣。所以还是还给你吧！"富人非常不理解，但还是收回了钱。第二天，当他再次经过豆腐坊时，听到里边又传出了小夫妻俩的歌声。

也许这个故事并不符合现在许多人的思想。人们会说，"钱多还不好吗？没听说过钱多会咬手的"。但事实是，"钱多"的确会"咬你的手"。就像故事中的小夫妻一样，就是因为"钱多"，所以思虑也多——又想拥有钱，又担心别人谋算他的钱，竟连个踏实觉也睡不成。

拥有更多的财富，是当今许许多多人的奋斗目标。财富的多寡，也成为衡量一个人才干和价值的尺度。当一个人被列入世界财富榜时，会引起多少人的艳羡。但对于个人来说，过多的财富是没有多少用的，除非你是为了社会在创造财富，并把多余的财富贡献给了社会。但丁说："拥有便是损失。"财富的拥有超过了个人所需的限度，那么拥有越多，损失就越多。

英国思想家培根曾说过："对于财富，我充其量只能把它叫作美德的累赘……财富之于美德，犹如辎重之于军队。辎重不可无，也不可留在后面，但它却妨碍行军。不仅如此，有时还因顾虑辎重，而丢掉胜利或妨碍胜利。"培根还指出："巨大的财富若不分发出去，也就没有真正的用处。"

"不要追求显赫的财富，而应追求你可以合法地获得的财富，清醒地使用财富，愉快地施与财富，心怀满足地离开财富。"这就是培根的建议，我们应该认真地思考这些建议。

所罗门，古代以色列国王，以智慧著称。他告诫人们，不可急于聚敛财富，凡是匆忙发财的，必难以清白。

培根分析说，通过正当的手段和诚实的劳动所获得的财富，是步伐缓慢的。当财富来自魔鬼的时候（比如说是通过欺诈、压迫以及其他不正当的手段），财富是来得迅速的。

现在不少人急于发大财，甚至不惜铤而走险，以身试法，如制假贩假，盗版走私，做毒品生意，甚至杀人越货。他们完全成了金钱的奴隶。财富对他们如同绞索，他们越是贪求，绞索就勒得越紧。一个贪官说，他每当听到街上警车鸣笛，就担心是来抓他的，惶惶不可终日。这样的不义之财再多，又有什么"乐趣"呢？我们并不是一概排斥财富。我们厌恶和蔑视的是对个人财富的过分贪求，是以不正当手段聚敛财富。

"人为财死，鸟为食亡"，看来这话只有一半是正确的。动物无信仰，无操守，为食而亡，不计利害。人则不同，唯财是贪，唯色是渔，此种人的动物性没有脱尽。君子爱财，取之有道，不义之财不取，这样的人，就脱离了低级趣味。

2. 欲望越多，痛苦越多

欲望越多，痛苦也越多。人心不足蛇吞象，想想蛇吞象的样子，会是一种什么感受——咽不进，吐不出，要多别扭有多别扭。什么都想要，最后可能什么也得不到，反而一辈子将自身置于忙忙碌碌、钩心斗角之中。这样活着，未免太累！《论语》里说颜回"一箪食，一瓢饮，在陋巷，人不堪其忧，回也不改其乐"。如果少一些欲望，是不是也会少一些痛苦呢？

从前，有两位很虔诚、很要好的教徒，决定一起到遥远的圣山朝圣。两人背上行囊，风尘仆仆，誓言不达圣山朝拜，绝不返家。

两位教徒走了两个多星期之后，遇见一位白发年长的圣者。这位圣者看到两位如此虔诚的教徒千里迢迢要前往圣山朝圣，就十分感动地告诉他们："从这里距离圣山还有10天的路程，但是很遗憾，我在这十字路口就要和你们分手了。而在分手前，我要送给你们一个礼物！什么礼物呢？就是你们当中一个人先许愿，他的愿望一定会马上实现；而第二个人，就可以得到那愿望的两倍！"

此时，其中一教徒心里想："这太棒了，我已经知道我想要许什么愿，但我不要先讲，因为如果我先许愿，我就吃亏了，他就可以有双倍的礼物！不行！"而另外一教徒也自忖："我怎么可以先讲，让我的朋友获得加倍的礼物呢？"于是，两位教徒就开始客气起来，"你先讲嘛！""你比较年长，你先许愿吧！""不，应该你先许愿！"两位教徒彼此推来推去，"客套地"推辞一番后，两人就开始不耐烦起来，气氛也变了，"你干吗！你先讲啊！""为什么我先讲？我才不要呢！"

两人推到最后，其中一人生气了，大声说道："喂，你真是个不识相、不知好歹的人，你再不许愿的话，我就把你的狗腿打断，把你掐死！"

另外一个人一听，没有想到他的朋友居然变脸，竟然来恐吓自己！于是想，你这么无情无义，我也不必对你太有情有义！我没办法得到的东西，你也休想得到！于是，这一教徒干脆把心一横，狠心地说道："好，我先许愿！我希望——我的一只眼睛瞎掉！"

很快地，这位教徒的一只眼睛马上瞎掉，而与他同行的好朋友也立刻两只眼睛都瞎掉！

原本，这是一件十分美好的礼物，可以让两位好朋友共享，但是人的"贪念"与"嫉妒"，左右了心中的情绪，所以使得"祝福"变成"诅咒"，使"好友"变成"仇敌"，更是让原来可以"双赢"的事，变成两人瞎眼的"双输"！

有一对即将结婚的夫妻，很高兴的大喊大叫、相互拥抱，因为他们中了一张"高额彩券"，奖金是7.5万美金。

可是，这对马上要结婚的新人，在中奖后隔天，就为了"谁该拥有这笔意外之财"而闹翻了。两人大吵一架，并不惜闹上法庭。为什么呢？因为这张彩券当时是握在未婚妻的手中，但是未婚夫则气愤地告诉法官："那张彩券是我买的，后来她把彩券放入她的皮包内，但我也没说什么，因为她是我的未婚妻嘛！可是，她竟然这么无耻、不要脸，居然敢说彩券是她的，是她买的！"

这对未婚夫妻在公堂上大声吵闹，各说各话，丝毫不妥协、不让步，所以也让法官伤透脑筋。最后，法官判决，在尚未确定"谁是谁非"之时，发行彩券单位暂时不准发出这笔奖金！这一对原本马上要结婚的佳偶，因争夺奖券的归属而变成怨偶，双方也决定取消婚约。

有人说："结婚，经常不是为了钱；离婚，却是经常为了钱！"

的确，人的私心、贪婪、嫉妒，常使人跌倒，重重地跌在自己"恶念"的祸害里。

人生如白驹过隙一样短暂，生命在拥有和失去之间悄悄地流逝了。如果失去了太阳，你还有星光；失去了金钱，你会得到亲情；当生命也离开你的时候，你还会拥有大地的亲吻。

拥有时加倍珍惜，失去了，就全当是接受生命真知的考验，全当是坎坷人生的奋斗诺言。拥有诚实就会丢弃虚伪，拥有充实就会丢弃无聊，拥有踏实就会丢弃虚浮。

无论是有意放弃，还是无意丢弃，只要曾经真实的拥有，大度的舍弃也是一种高尚！

在不经意中失去的，你还可以重新去争取；丢掉了爱心，你还可以在春天里寻觅；丢掉了意志，你要在冬天里重新磨砺；丢掉了懒惰，你却不该把它拾起。

欲望太多，成了累赘。还有什么比拥有淡泊的心胸让自己更充实更满足的呢？

3. 金钱得失不过是人生浮云

人世间，总是交织着众多的名利、是非，身陷其中的我们，整日为名利是非所累，为金钱得失所烦。殊不知，所谓的名利是非、金钱得失均不过是人生浮云，转眼即逝。

从前有一个渔翁在梦中见到了上帝。

上帝问道："你想和我交谈吗？"

渔翁说："我很想和你交谈，但不知道你是否有时间？"

上帝笑道："我的时间是永恒的。你有什么问题吗？"

渔翁说："你觉得人类最烦恼的是什么？"

上帝答道："他们为名利而活，又为名利而烦。"

"他们牺牲自己的健康来换取金钱，然后又牺牲金钱来恢复健康。他们对未来充满忧虑，但却忘记了现在。于是，他们既不生活于现在之中，也不生活于未来之中。他们活着的时候好像从不会死去，但是死去以后又好像从未活过……"

上帝握住渔翁的手，他们沉默了片刻。

渔翁问道："作为上帝，你有什么生活经验想要告诉现在的人？"

上帝笑着回答道："金钱名利乃身外之物，要想活得轻松，就别将名利记心头。

"他们应该知道，一生中最有价值的不是拥有什么东西，而是拥有健康的心态。

"他们应该知道，与他人攀比是不好的。

"他们应该知道，富有的人并不拥有最多，而是需要最少。

"他们应该知道，要在所爱的人身上造成创伤只要几秒钟，但是治疗创伤则要花几年的时间，甚至更长。他们应该学会宽恕别人。

"他们应该知道，有些人在深深地爱着他们，但却不知道如何表达自己的感情。

"他们应该知道，金钱可以买到任何东西，但却买不到幸福。

"他们应该知道，两个人看同一件事物，会看出不同的东西。

"他们应该知道，得到别人宽恕是不够的，他们也应当宽恕自己。

"他们应该知道，我始终存在。"

造物主在把那么多美德赋予了人类的同时，也把名利、是非、金钱得失同时嵌入了人的身体。于是这些固有的心病便成了桎梏与羁绊，成了悬崖与深渊，它们将许许多多的人挡在了幸福的大门之外。

虽然世人都知道名利只是身外之物，但是却很少有人能够躲过名利的陷阱，一生都在为名利所劳累，甚至为名利而生存。一个人如果不能淡泊名利，就无法保持心灵的纯真，终生犹如夸父追日般看着光芒四射的朝阳，却永远追寻不到，到头来只能得到疲累与无尽的挫折。其实静心观察这个物质世界，即使不去刻意追赶，阳光也仍旧会照耀在我们身上。

世界上著名的科学家爱因斯坦和居里夫人，对大多数人所汲汲追求的名声、富贵或奢华都看得非常轻淡，也因此留下了无数的佳话。

尽管是国际知名的科学家，爱因斯坦却说，除了科学之外，没有哪一件事物可以使他过分喜爱，而且他也不过分讨厌哪一件事物。据说在一次航海旅行中，船长为了优待爱因斯坦，特意让出全船最豪华的房间等候他。爱因斯坦竟然拒绝了。他表示自己与他人并无差异，所以不愿意接受这种特别优待。这种虚怀若谷、坦然率真的人品，令许多人诚心敬佩。

居里夫妇在发现镭之后，世界各地纷纷来信希望了解提炼的方法。居里先生平静地说："我们必须在两种决定中选择一种。一种是毫无保留地说明我们的研究成果，包括提炼方法在内。"居里夫人做了一个赞成的手势说："是，当然如此。"居里先生继续说："第二个选择是我们以镭的所有者和发明者自居，但是我们必须先取得提炼铀沥青矿技术的专利执照，并且确定我们在世界各地造镭业上应有的权利。"取得专利代表着他们能因此获得巨额的金钱、舒适的生活，还可以留给子女一大笔遗产。但是居里夫人听后却坚定地说："我们不能这么做。如果这样做，就违背了我们原来从事科学研究的初衷。"她轻而易举地放弃了这唾手可得的名利。如此淡泊名利的人生态度，使人人都能感受到她不平凡的气度。居里夫人一生获得各种奖章16枚，各种荣誉头衔117个，自己却丝毫不以为然。

有一天，她的一位女性朋友来她家做客，忽然看见她的小女儿正在玩弄英国皇家学会刚刚奖给她的一枚金质奖章，不禁大吃一惊，连忙问她："居里夫人，那枚奖章是你极高的荣誉，你怎么能给孩子拿去玩呢？"居里夫人笑了笑说："我是想让孩子从小就知道，荣誉就像玩具一样，只能玩玩而已，绝不能永远守着它，否则就将一事无成。"

两位科学大师的非凡气度为拼命追求名利的世人留下了一面明亮的镜子。一个人如果拥有一颗纯真的心灵，在自己应该做的事情之中尽了全力，他的成就自然而然就会显现出来，他理所当然的可以得到应该得到的人世间的荣耀。

4. 好好活着，不要祈求太多

日本作家川端康成自获诺贝尔奖之后，受盛名之累，常被官方、民间，包括电视广告商人等拉着去出席各种活动。文人难免天真、不擅应酬，又心慈面薄、不会推托，做事也过于认真、不懂敷衍，于是陷入忙乱的俗事重围，不知如何解脱，终于自杀，了此一生。据报道，川端临终前，曾为筹措笔会经费而心力交瘁。情绪低落，可能是促使他厌世自杀的原因之一，这当不是妄测之词。

对一位作家来说，能获得诺贝尔奖，这口井已经算是凿得够深了。但如果他不被卷入烦倦不堪的琐事，而能依然宁静度日，以他丰富的智慧，或可有更具哲理的创作留传于世。

《湖滨散记》的作者梭罗，为了要写一本书，而去森林中度过两年隐士生活。他自己种豆和玉蜀黍为食，摆脱了一切剥夺他时间的琐事俗务，专心致志，去体验林间湖上的景色和他心灵所产生的共鸣，从中发现许多道理，从而完成了这本名著。

一个人的精力有限，时间有限，在有生之年，把握住自己真正的志趣与才能所在，专一地做下去，才可能有所成就。

不但要有魄力，而且要有判断力，摆脱其他外务的干扰和诱惑，不为一切名利权位等虚荣而中途改道，这样才能促成一个人事业的辉煌。

每个人都有失望和不满的时候，不是你的希望没有实现，就是他的欲望没有满足。每当这时，我们不是怨天尤人，便是破罐子破摔，而很少坐下来，仔细地想一想，我们为什么一定要有不满和失望。活着，我们不要祈求太多。

我们来到这世上时，本来就是赤条条的，一无所有，是上苍赋予了我们生命、亲友以及思想和财物等等。上苍待我们何厚？使我们拥有了这么多，又占据了这么多。可是我们却从来也没有满足过，依然在祈求着上苍为我们降下更多的甘霖。

然而，生活不可能也不会按照我们的需求来十足的供应我们。于是，我们便失望了，我们便不满了。

对于每一个活生生的人来说，世界都是公平无二的。有耕耘才有收获，有奋斗才有成功，有付出才有得到。你想花一分的代价去换回十分的成果，那是永远也不可能的。

生命在于奋斗，人生在于积累。不要祈求，只有一点点就已经足够了。每天一点点，每月一点点，每年一点点，几年下来，我们就已经得到了很多很多，那么一辈子下来，我们就已经变成了一个拥有整个世界的富翁！

不要祈求太多，太多了生命就会显得过于沉重，你也就会感到你的人生因缺少遗憾而懒于去追求；不要祈求太多，太多了人生就会显得过于臃肿，你就会感到你所拥有的一切都是负累，因无法带得动而终生不能轻松。

这世间，美好的东西实在数不过来了，我们总是希望得到更多，让尽可能多的东西为自己所拥有。

人生如白驹过隙，在感叹拥有和失去之间，生命已经不经意地流走了。

拥有时，倍加珍惜；失去了，就权当是接受生命真知的考验，权当是坎坷人生奋斗诺言的承付。

欲望太多，反成了累赘，还有什么比拥有淡泊的心胸，更能让自己充实、满足呢？

5. 金钱与地位不能画上等号

有位富翁十分有钱，但却得不到旁人的尊重。他为此苦恼不已，每日寻思如何才能得到大家的敬仰。

某天在街上散步时，他看到街边一个衣衫褴褛的乞丐，心想机会来了，便在乞丐的破碗中丢下一枚亮晶晶的金币。

谁知乞丐头也不抬地仍是忙着捉虱子，富翁不由生气："你眼睛瞎了？没看到我给你的是金币吗？"

乞丐仍是不看他一眼，答道："给不给是你的事，不高兴可以拿回去。"

富翁被激怒，又丢了10个金币在乞丐的碗中，心想他这次一定会向自己道谢，却不料乞丐仍是不理不睬。

富翁几乎要跳了起来："我给了你10个金币，你看清楚，我是有钱人，好歹你也尊重我一下。道个谢你都不会！"

乞丐懒洋洋地回答："有钱是你的事，尊不尊重你则是我的事，这是强求不来的。"

富翁急了："那么，我将我的财产的一半送给你，能不能请你尊重我呢？"

乞丐翻眼看着他："给我一半财产，那我不是和你一样有钱了吗？为什么要我尊重你？"

富翁更急起来道："好，我将所有的财产都给你，这下你该愿意尊重我了！"

乞丐大笑："你将财产都给我，那你就成了乞丐，而我成了富翁，我凭什么来尊重你？"

美国心理学家马斯洛认为，人生的追求在心理上是分为5个层次的。最低的层次是生理上的需求，如温饱之类；再则是对安全的需求，如坚固的住所；第三是爱人与被爱的需求；第四是受到尊重的需求；最高的层次则是自我的实现。

故事中的富翁有钱后，渴望别人的肯定与尊重，正符合马斯洛学说所描述的人的天性。而乞丐的坚持，则更清楚地点明了金钱与尊重在许多时候是难以画上等号的。

"金钱与粪尿相同，积聚它便会放出恶臭；然而散布时，则能肥沃大地。"这是托尔斯泰的名言。积聚金钱是否会发出恶臭，答案见仁见智，我们不予讨论；但散布财富，的确能够拥有花香扑鼻的美丽庭院。故事中的富翁若能明了这一点，要受人尊重也就不难了。

马斯洛的五项层次理论，是循序渐进的。也就是说，人必须先有生理上的温饱，才会追求己身的安全……而终至自我的实现。但这并非是绝对的定律。例如，乞丐武训为了兴学筹集资金，甘心立下条款——让人打一拳，换得一枚铜板，再利用挨打换来的钱，建立学堂，来教育这些拳击选手的后代，让孩子知书达理，不再迷信暴力。像武训这般，设立自我实现的目标，受万世敬仰尊崇的例子，中外皆有许多。

立志自我完善的您，已经完成最高层次——自我实现的目标设立。如何获得金钱、尊重、爱与安全，完全取决于您如何去付出金钱、尊重及您对人的挚爱。

6. 不被外物所蒙蔽

通常，我们都羡慕在天空中自由自在飞翔的小鸟。其实人也该像鸟儿一样的，欢呼于枝头，跳跃于林间，与清风嬉戏，与明月相伴，饮山泉，觅草虫，无拘无束，无羁无绊。这才是鸟儿应有的生活，才是人类应有的生活。然而这世上终还有一些鸟儿，因为忍受不了饥饿、干渴、孤独乃至于"爱情"的诱惑，从而成为笼中鸟，永永远远地失去了自由，成为人类的玩物。与人类相比，鸟儿面对的诱惑要简单得多。而人类却要面对来自红尘之中的种种诱惑，金钱、名利、权势等。于是，人们往往在这些诱惑中迷失了自己，从而跌入了欲望的深渊，把自己装入了一个个打造精致的所谓"功名利禄"的金丝笼里。

春秋末年，范蠡为了谋取功名，到越国辅佐越王勾践，被封为大夫后升至上

上柙 宽心的智慧

将军。

此时，越国与吴国结仇，吴王夫差日夜操练兵马准备攻越。越王勾践想先发制人去伐吴。范蠡就劝阻勾践说："大王不能这么做，我听说兵器是不吉利的东西，战争是违背道德的，争斗是各种事情中最末等的事。违背道德，好用凶器，干末等之事，老天爷也是不赞成的，所以无故起兵是不利的。"但是勾践不听劝告，于是吴越两军交战，结果越军大败，越王勾践被吴军包围。这时，勾践悔之莫及，就向范蠡请求救国之策。因此，范蠡就建议勾践派人去给吴王送厚礼，并向他们求和。于是，勾践就派文种去向吴王求和。

文种多次求见，吴王夫差才同意勾践的请求，撤兵回国，但要把勾践夫妇带回吴国做臣子并伺候自己。勾践把国家大事托给大夫文种，自己带上夫人和范蠡到吴国去做人质。到了吴国，夫差让他们住在先王坟墓旁的石头屋里，为吴王养马。吴王每次出去，都要勾践为其拉马。范蠡就更苦了，他在人前与勾践一起伺候吴王，在人后还要伺候勾践，还得不断活动，给人送礼，观察形势。勾践有时忍不住了，范蠡还得安抚他，以免前功尽弃。这样过了3年，吴王夫差认为勾践真的臣服自己了，于是就把他们放回越国。

勾践回到越国后，为了能使自己牢记亡国的耻辱，不让在卧室内铺放锦绣被褥，只铺上柴草，还在屋里挂一个苦胆，每次吃饭之前，都要尝一尝胆的苦味。勾践觉得范蠡的才能和忠诚都可信任，就打算把国政交给他。范蠡却说："操练兵马、行军打仗，文种不如我；治理国家、安抚百姓，我不如文种。"于是勾践就把国家政事交给文种，让范蠡负责操练兵马。

后来范蠡在苎萝山上找到一个名叫西施的美女，说服她为国舍身。范蠡亲自把西施送往吴国，夫差被迷住了，日夜与西施在姑苏台上作乐。西施牢记范蠡的嘱托，总在夫差面前说越国好话，于是夫差就放松了对勾践的警惕。越王勾践礼贤下士，在范蠡、文种两人的齐心辅佐下，经过10年艰苦奋斗，使得越国实力逐渐强盛了，并做好向吴国复仇的准备。

周敬王三十八年（公元前482年），越国出兵打败了吴国，从此不再向吴国称臣进贡。5年之后，即周敬王四十二年（公元前478年），越军攻到姑苏城下，围城3年，终于彻底打败吴军，夫差自杀。勾践率越军横行于江淮一带，成了霸主。

后来越王勾践论功行赏，范蠡作为一个从始至终辅佐勾践完成霸业的有功之臣，却不恋虚名，不图富贵。作为大臣，他辅佐主公完成了大业，圆满地完成了自己一生的事业。

功德圆满之后，范蠡要开辟自己新的生活。于是，他给勾践留下了一封信，信中他告诉越王勾践："当年主公受辱于会稽山，主辱臣死。现在天下已定，请主公给臣下降罪处死。"之后，范蠡乘船不辞而别，永远地离开了越国。在走的时候，范蠡没有忘记老朋友文种，也给他留下一信，说明鸟尽弓藏的道理，并劝他也远走高飞。但是文种并没有听从范蠡的劝告，终于被勾践逼得自杀了。

范蠡泛海北上来到齐国，更名换姓为鸱夷子皮。他带领儿子们不问政事，只经营生产，没有多久，家产多达千万。齐国国王听说他有如此才能，叫他当宰相。他叹息道："居家则致千金，居官则致卿相，引布衣之极也。久受尊名，不祥。"于是他又交还相印，散发资财，只带亲属和少量珠宝，离开了齐都，躲到陶这块地方，从此改名为陶朱公。

范蠡在陶居住了十九年，曾经"三致千金"，就是散了又挣、挣了又散三次，成为天下首富。后来他又离开了陶地，只带着西施浪迹太湖，过着无拘无束的生活。

名利财货，声色犬马，这一切令人心迷神醉，永无止境地追逐，结果使人身体精神两受疲累。范蠡助越灭吴后，他的个人成就已臻至顶峰，此时抽身引退，弃政从商。之后，又千金散尽，隐居江湖，不被外物所蒙蔽，实在生活得惬意自如。

7. 淡泊名利，无求而自得

造物主在把那么多美德赋予了人类的同时，也把名利、是非、金钱得失同时嵌入了人的身体。于是这些固有的心病便成了桎梏与羁绊，成了悬崖与深渊，它们将许许多多的人挡在了幸福的大门之外。

人的一生常被名利所束缚。名利对于人，实用的少，更多的是一种心理上的安慰，一种对自己的价值的确认。因此，名利只不过是一个人所挣得的自己的身价而已，人总是通过名利来标明自己价值的高低。没有了名利，自己常常也会对自己的价值产生怀疑，对自己在世上的价值失去信心。因此，为追求名利，很多人都不惜终身求索，使名利的绳索最后变成了人生的绞索，断送了人生所有的快乐与欢笑。

《菜根谭》中说："富贵名誉，自道德来者，如山村中花，自是舒徐繁衍；自功业来者，如盆槛中花，便有迁徙兴废。若以权力得者，如瓶钵中花，其根不植，其萎可立而待矣。"这些话的意思是：一个人的荣华富贵，如果是因为施行仁义道德而得来的，就会像生长在大自然中的花一样，不断繁衍生息，没有绝期；如果是从建立的功业中得来的，就会像栽在花钵中的花一样，因移动或环境变化而凋谢；若是靠权力霸占或谋私所得，那这富贵荣华就会像插在花瓶中的花，因为缺乏生长的土壤，马上就会枯萎。这句话告诉我们，没有道德修养，仅靠功名、机遇或者是非法手段求得的福，千万要警惕，它们不是不能长久，转瞬即逝，就是意味着灾难，伴随着毁灭。只有那些德性高尚的人，才能领悟个中道理，保住一生平安。

唐朝郭子仪爵封汾阳王，王府建在首都长安。汾阳王府自落成后，每天都是府门大开，任凭人们自由进出，而郭子仪不允许其府中的人对此加以干涉。有一天，郭子仪帐下的一名将官要调到外地任职，来王府辞行。他知道郭子仪府中自无禁忌，就一直走进了内宅。恰巧，他看见郭子仪的夫人和他的爱女正在梳妆打扮，而王爷郭子仪正在一旁侍奉她们，她们一会儿要王爷递手巾，一会儿要他去端水，使唤王爷就好像奴仆一样。这位将官当时不敢讥笑郭子仪，回家后，他禁不住讲给他的家人听。于是一传十，十传百，没几天，整个京城的人们都把这件事当成笑话来谈论。郭子仪听了没有什么，他的几个儿子听了倒觉得大丢王爷的面子。他们决定对他们的父亲提出建议。他们相约一齐来找父亲，要他下令，像别的王府一样，关起大门，不让闲杂人等出入。郭子仪听了哈哈一笑，几个儿子哭着跪下来求他。一个儿子说："父王您功业显赫，普天下的人都尊敬您，可是您自己却不尊重自己，不管什么人，您都让他们随意进出内宅。孩儿们认为，即使商朝的贤相伊尹、汉朝的大将霍光也无法做到您这样。"

郭子仪听了这些话，收敛了笑容，对他的儿子们语重心长地说："我敞开府门，任人进出，不是为了追求浮名虚誉，而是为了自保，为了保全我们全家人的性命。"

儿子们感到十分惊讶，忙问这其中的道理。郭子仪叹了一口气，说道："你们光看到郭家显赫的声势，而没有看到这声势有被丧失的危险。我爵封汾阳王，往前走，再没有更大的富贵可求了。月盈而蚀，盛极而衰，这是必然的道理。所以，人们常说要急流勇退。可是眼下朝廷尚要用我，怎肯让我归隐？再说，即使归隐，也找不到一块儿能够容纳我郭府一千余口人的隐居地呀。可以说，我现在是进不得也退不得。在这种情况下，如果我们紧闭大门，不与外面来往，只要有一个人与我郭家结下仇怨，诬陷我们对朝廷怀有二心，就必然会有专门落井下石、妨害贤能的小人从中添油加醋，制造冤案。那时，我们郭家的九族老小都要死无葬身之地了。"郭子仪所以让府门敞开，是因为他深知官场的险恶。正因为他具有很高的政治眼光又有一定的德性修养，善于忍受各种复杂的政治环境，必要时牺牲掉局部利益，确保了全家安乐。

淡泊名利、无求而自得，才是一个人走向成功的起点。促使人追求进取的是金钱名利，阻碍人向前迈进的是金钱名利，使人坠入万丈深渊的也是金钱名利。所以，人生在世，千万不要把金钱名利看得太重，要能超然物外，活得轻松快乐。

8. 生活中还有比金钱更重要的东西

不可否认，千百年来，金钱在每个人的一生中，都起着非常重要的作用，它早就渗透到人们衣、食、住、行的各个方面。在有的人眼里，只要有了钱，就会有一切。他们认为金钱是万能的，有了钱就必然会有幸福。然而，对于人生来说，我们还有比它更为重要的，譬如健康、平安、友情、亲情、爱情等。

富勒是美国的一个大富翁，他年轻时，特别渴望拥有巨大的财富，他也一直在为梦想奋斗。到30岁时，富勒已挣到了百万美元，他雄心勃勃地想成为千万富翁，而且他也有这个能力。他拥有一幢豪宅，一间湖上小木屋，2000英亩地产，以及快艇和豪华汽车。

有了财富，问题也来了：他工作得很辛苦，常感到胸痛，而且他也因为工作太忙而疏远了妻子和两个孩子。虽然他的财富在不断增加，他的婚姻和家庭却岌岌可危。

一天在办公室，富勒心脏病突发，而他的妻子在这之前刚刚宣布打算离开他。他突然开始意识到自己对财富的追求已经耗费了他所有的真正应该珍惜的东西。他打电话给妻子，要求见一面。当他们见面时，两个人热泪滚滚。他们决定消除掉破坏他们生活的东西——他的生意和物质财富。

他们卖掉了所有的财产，包括公司、房子、游艇，然后把所得收入捐给了教堂、学校和慈善机构。他的朋友都认为他疯了，但富勒从没感到比这更清醒的时候。接下来，富勒和妻子开始投身于一项伟大的事业——为美国和世界其他地方的无家可归的贫民修建"人类家园"。他们的想法非常单纯："每个在晚上困乏的人至少应该有一个简单而体面，并且能支付得起的地方，用来休息。"美国前总统卡特夫妇也热情地支持他们，穿上工装裤来为"人类家园"劳动。富勒曾经的目标是拥有1000万美元家产，而现在，他的目标是为1000万人，甚至为更多人建设家园。

目前，"人类家园"已在全世界建造了6万多套房子，为超过30万人提供了住房。富勒曾为财富所困，几乎成为财富的奴隶，差点儿被财富夺走他的妻子和健康。而现在，他却成了财富的主人。他和妻子自愿放弃了自己的财产，而去为人类的幸福工作，他自认是世界上最富有的人。

现代社会，很多人都把赚钱当作了生命中最重要的事。他们努力工作，拼命赚钱，不惜透支身体健康，不惜牺牲和家人在一起的时间，不惜牺牲对孩子的关爱。对一个人来说，金钱真是生活中最重要的事吗？不，生活中有更重要的事需要我们投入时间和精力，金钱永远不应该被排在首位。

一位父亲下班回到家已经很晚了，又累又烦。这时他发现5岁的儿子站在门口等他。

"我可以问你一个问题吗？"

"什么问题？"

"爸爸，你一小时可以赚多少钱？"

"这与你无关，你为什么问这个问题？"父亲生气地说。

"我只是想知道。请告诉我，你一小时赚多少钱？"小孩哀求。

"假如你一定要知道的话，我一小时赚20美元。"

"喔，"小孩低下了头，接着又说，"爸，可以借我10美元吗？"

父亲发怒了："如果你只是要借钱去买玩具的话，那就给我回房间上床。好好想想为什么你会那么自私。我每天长时间辛苦工作，没时间和你玩小孩子的游戏。"

小孩安静地回到自己房间并关上门。父亲坐下来还在生气。过了一会儿，他平静下来，想着他可能对孩子太凶了，或许孩子真的很想买什么东西，再说他平时很少要过钱。

父亲走进小孩的房间："你睡了吗，孩子？"

"爸爸，还没，我还醒着。"小孩回答。

"我刚才可能对你太凶了，"父亲说，"我不该发脾气——这是你要的10美元。"

"爸爸，谢谢你。"小孩欢叫着从枕头下拿出一些被弄皱的钞票，高兴地数着。

"你已经有钱了为什么还要钱？"父亲生气地问。

"因为在这之前不够，但我现在足够了，"小孩说，"爸爸，我现在有20美元了，我可以向你买一个小时的时间吗？明天请早一点回家——我想和你一起吃晚餐。"

许多人往往会误将金钱当成了唯一的幸福去追求。确实，有了钱就可以有许多东西，就能建立一个在物质上比较富裕的家庭，也就能过较为舒适的物质生活。但是，一个人即使有很多钱，他的精神世界如果是空虚的，或者生活并不自由，那么他就绝不会有幸福，有时甚至是痛苦的。

9. 减少欲望，宁静淡泊

平凡的人生才是幸福的人生，静静的生活，静静地享受，用不着去承受大喜大忧，也用不着承受大富大贫。只可惜世人都不知道去珍惜自己现在拥有的平凡生活，为名利终日忙碌，四处奔波，他们所获得的快乐并不是真正的快乐，而所产生的忧愁却是真正的忧愁。从这一点讲，生活清贫而不受精神之苦，行为相对自由洒脱而不受倾轧逢迎之累，是值得羡慕的，安贫乐道未尝不好。

人在宁静之中心绪像秋水一样清澈，可以见到心性的本来面貌；在安闲中气度从容不迫，可以认识心性的本原之所在；在淡泊中意念情趣谦和愉悦，可以得到心性的真正体味。

《菜根谭》中说："此身常放在闲处，荣辱得失谁能差遣我；此心常安在静中，是非利害谁能瞒昧我。"意思是说，只要自己的身心处于安闲的环境中，对荣华富贵与成败得失就不会在意；只要自己的心灵保持安宁和平静，人世的是非曲直都不能瞒过你。

老子主张"无知无欲"，"为无为，则无不治"。世人也常把"无为"挂在嘴边。实际上这一点是很难做到的。但一个人处在忙碌之时，置身功名富贵之中，的确需要静下心来修行一番，闲下身子安逸一下。这时如果能达到佛家所谓"六根清净、四大皆空"的境界，就会把人间的荣辱得失、是非利害视同乌有。这有利于帮助自我调节，防止陷入功名富贵的迷潭。在洪应明看来，佛家所谓的"六根清净、四大皆空"也就是指人生要宁静淡泊，降低欲望，这样就会把生活中的是非利害与荣辱得失看得轻一些，而生活的快乐则会体验得多一些。洪应明也多次提到，人需要静观世事，做到身在局中、心在局外，这样就会客观地对待生活，这样才能不为外物所累，人间百态也才能尽收眼底。

林语堂曾经讲过这样一个故事：

有一对年轻的美国夫妇，利用假期出外旅游。他们从纽约南行，来到一处幽静的丘陵地带，发现在这人烟稀少的小山旁边，有一个小木屋。

夫妻二人走到小木屋前，看见门前坐着一位老人。年轻丈夫上前一步问道："老人家，你住在这人迹罕至的地方不觉得孤单吗？"

"你说孤单？不！绝不孤单！"老人回答道。停顿了一会，老人接着说："我凝望那边的青山时，青山给予我力量；我凝望山谷时，那一片片植物的叶子，包藏着生命的无数秘密；我凝望蓝色的天空，看见那云彩变化成各式各样的城堡；我听到溪水的淙淙声，就像有人在向我做心灵的倾诉；我的狗把头靠在我的膝上，我从它的眼神里看到了纯朴的忠诚。每当夕阳西下的时候，我看见孩子们回到家中，尽管他们的衣服很脏，头发也是蓬乱的，但是，他们的嘴唇上却挂着微笑。此时，当孩子们亲切地叫我一声'爸爸'，我的心就会像喝了甘泉一样甜美。当我闭目养神的时候，我会觉得有一双温柔的手放在我的肩头，那是我太太的手；碰到困难和忧伤的时候，这双手总是支持着我。我知道，上帝总是仁慈的。"

老人见年轻夫妇没有作声，于是，又强调了一句："你说孤单？不，不孤单！"

这位老人的生活看起来是平淡的。然而，在我们这个世界上，每个人都可以说是凡夫俗子，他们总期盼着过一些平淡的日子。平淡，不是没有欲望。属于我的，自然要取；不属于我，即使是千金、万金也不为其动。安于平淡的生活，并能以平淡的态度对待生活中的繁华和诱惑，让自己的灵魂安然自处。这样的人，于自己，就像云彩一样的飘逸；于他人，就像湖泊一样的宁静。这就是一种清心的境界。

其实，这位老人正是达到了清心的境界，因此，他能清闲自在、坐卧随心，从平凡的生活之中，体悟到了生活的情趣，领略到了生活的快乐。

经典小测试：你是个知足的人吗？

测试攻略

测试意义：★★★★

准确指数：★★★

测试时间：20分钟

测试情景

俗话说"知足者常乐"，因为知足是快乐的根本，知足会让许多的烦恼在你面前无处藏身。你是不是个知足的人呢？

测试问答

1. 你是否觉得自己被迫循规蹈矩？

　　A.是的，有时是这样。

　　B.很少或从不。

　　C.是的，我经常因为必须循规蹈矩而感到沮丧。

2. 你是否喜欢自己的工作？

　　A.大多数时候是，但不总是。

　　B.是的。

　　C.基本上不是这样。

3. 你认为下面哪个词是对你最好的概括？

    A.安定的。

    B.感到满意的。

    C.不平静的。

4. 你是否做了一些让你良心不安的事？

    A.是的，有时候。

    B.很少或从不。

    C.是的，我在这方面很担心。

5. 你对生活是否抱有一种轻松的态度？

    A.是的，对大多数事情是这样。但是，有些事情很重要，不是那么容易放得下。

    B.总的来说，我的确是采取一种轻松的态度对待生活。

    C.我不认为自己是一个很轻松愉快的人。

6. 你是否因为自己的失败而拿别人出气？

    A.偶尔。

    B.很少或从不。

    C.经常。

7. 你是否感到自己的生日是在比较幸运的星座上？

    A.也许我算比较幸运的。

    B.绝对没错。

    C.不。

8. 你是否已经实现了人生的大多数抱负？

    A.是的。

    B.我现在不能找出特定的抱负需要我去实现。

    C.完全不是。

9. 你如何看待未来？

    A.有一定程度的理解。

    B.如果顺利的话，会像现在一样继续发展。

    C.我希望将来会比过去和现在要好得多。

10. 你拥有良好的睡眠吗？

    A.我努力做，但不总是成功。

    B.是的。

    C.通常不太好。

11. 你是否认为自己拥有忠诚和稳定的家庭生活？

    A.总的来说是这样。

    B.毫无疑问。

    C.不是。

12. 你是否感到自己有自卑感？

    A.可能，有时是这样。

    B.没有。

    C.是的。

13. 你觉得自己有没有充分享受自己的业余时间？

    A.也许我的业余活动没有我希望的多。

    B.是的。

    C.没有，因为我没有时间参加业余活动。

14. 你是否考虑过通过做整形手术来让自己变得漂亮一些？

    A.可能。

    B.没有。

    C.是的。

15. 如果让你回顾并且评价自己的人生，下面哪句话最适合？

    A.基本上满意，但我认为自己还能够获得更多。

    B.我要感谢上天的恩赐，因为我人生的顺境要多于逆境。

    C.我多少会感到有些生气，因为我没有实现自己的人生价值。

16. 你是否很容易休息放松？

    A.有的时候容易，有的时候比较困难。

    B.很容易。

    C.一点也不容易。

17. 你是否已得到人生中应该得到的大多数东西？

A.基本上是这样。

B.我认为我得到了。

C.我认为我没有得到。

18. 你是否经常希望自己是另一个人？

A.不经常，但偶尔会认为有些人比我幸运。

B.我从来没有认真考虑过。

C.我经常希望自己是另一个人。

19. 如果让你变换生活方式一年时间，你愿意吗？

A.在特定的情况下有可能。

B.我认为我不会。

C.是的，我会接受这样的机会。

20. 你是否觉得机会总是从身边溜走？

A.有时。

B.很少或从不。

C.经常。

21. 你嫉妒其他人的财产吗？

A.偶尔。

B.很少或从不。

C.经常。

22. 你是否经常因为做得太少而沮丧？

A.有时。

B.很少或从不。

C.几乎始终是这样。

23. 你是否嫉妒富人或名人？

A.偶尔。

B.很少或从不。

C.经常。

24. 你是否渴望异乎寻常的假期，让它来帮你完全逃避现实？

　　A.是的，有时候。

　　B.假期是不错，但对我来说不是必不可少的。

　　C.是的，经常这样想。

25. 你对自己感到满意吗？

　　A.偶尔。

　　B.经常。

　　C.很少或从不。

测试解析

评分标准：选A得1分，选B得2分，选C不得分。

少于25分，你永远不会满足。

你对自己的生活不太满意，也许你对没有实现自己的人生梦想感到无奈，你为你已经精疲力竭的身心而感到痛苦；也许你认为人生太过短暂，没有足够的时间去做许多你想要做的事情。由于这些原因，所以你不满意当前所从事的工作，而且在工作的时候你常常会想到许多你真正愿意做的事情。

如果情况确如上面所述，那么现在正是审视并且评价自己人生的好时候，并且特别要多注意积极的方面，扪心自问得到了什么。其实，你拥有一份稳定而喜欢的工作和一个和睦的家庭，就是一种成就。也许你有一项喜爱的运动或业余爱好，而且可以倾注更多的时间，从中享受乐趣……所有这些都是值得为之感激的，而不是失望的理由。

25～39分，基本满足现状。

你对自己的人生基本满意。尽管你并不缺乏雄心壮志，但你不会为了追求这些目标而去冒险，包括危及你自己的快乐和现有的生活方式，以及那些和你最亲近的人。

其实在你的内心深处，经常会有一种不满足感，因为你自认为可以获得更多，并且因此而多少感到有些遗憾。尽管如此，你还是认为总的来说自己的目标大部分已经实现，因此，没有理由做任何改变，哪怕许多其他人，例如父母、老师、朋友和同事都急切地告诉你应该怎样对待生活。毕竟，只有当这些目标对你来说很重要时，它们才算重要，因此你才是自己的首席专家，你才有权决定自己人生的道路应该怎样走。

40～50分，你是个知足常乐的人。

你的得分表明你对自己的生活感到满意。因此，你可能拥有快乐和内心的安宁。正是这种快乐感染并影响了你周围的人，尤其是你的直系亲属。很幸运你是这样的一类人，能够找到自己的小天地。你很懂得知足常乐，让许多人羡慕你。

测试点拨

如果现在你的生活过得挺好，没有多大的经济压力，你就不必太追求过于奢侈的生活质量。人的一生并不只是奋斗，还有快乐的生活，和家人一起玩乐。如果你天天想着怎样让自己更优秀，怎样让自己出类拔萃，他为什么这样看我，你又怎么这样看我，那你就过得不会快乐。

第六章　人生境界高，心宽境自阔
——心宽是一种人生的境界

心宽是一种人生的境界。心就像一扇大门，敞开来宽宽大大，什么事都能过得去。如果你整天把大门关着或者只开开一道缝，越看越嘀咕，越想越没路，愁事烦事越堵着你的门。事实上有好多疾病和烦事，都是小心眼的庸人想出来的。古人云"世上本无事，庸人自扰之"。

1.缺憾是最真实的完美

我们都在寻求完美，可是完美空间是什么呢？

有一个小故事，讲的是有个圆被切去了很大一块三角，它想让自己恢复完整，没有任何残缺，于是四处寻觅失落的部分。因为它残缺不全，只能慢慢滚动，所以能在路上欣赏野花，能和毛毛虫聊天，享受阳光。它找到各种不同的碎片，但都不合适，所以只能把它们留在路边，继续往前寻找。

有一天，这残缺的圆找到了一块非常合适的碎片，开心得很，把它胡乱地拼上，开始滚动。现在它是完整的圆了，能滚得很快。但它却发觉因为滚动太快，看到的世界好像完全不同了。于是它停止了滚动，把补上的碎片丢在路旁，又慢慢地滚动了。

人往往在有所失去的时候，特别盼望能够恢复完整。其实，心中满怀希望和期待并不糟，它会让你懂得珍惜和感恩，使你受益一生。

能认识到自己有种种遗憾、勇于放弃不切实际的梦想而坦然的人，可以说是完整的。

我们每一个人的人生都会有这样或那样的不足，能如残缺之圆继续在人生之途滚动并细品沿途滋味，就能达到完整。这就是生命所能赋予我们的：不求事事如愿，但求问心无愧。

古语云："甘瓜苦蒂，物不全美。"从理念上讲，人们大都承认"金无足赤，人无完人"。

正如没有十全十美的东西一样，世界上也不存在神通广大的完人。在认识自我、看待别人的具体问题上，许多人仍然习惯于追求完美，求全责备，对自己要求样样都是，对别人也全面衡量。

难道那些伟人、名人果真那么十全十美、无可挑剔吗？绝非如此。任何人总有其优点和缺点两个方面。

美国大发明家爱迪生有过一千多项发明，被誉为"发明大王"，但他在晚年却固执地反对交流输电，一味主张直流输电。

电影艺术大师卓别林创造了生动而深刻的喜剧形象，但他却极力反对有声电影。

人是可以认识自我、把握自我的，人的自信不仅是相信自己有能力和价值，同时也认识到自己有缺点和毛病。我们不苛求完美，因为我们每个人的两重性是不易改变的。所以，我们应当保持这样一种心态和感觉：我知道自己的长处、优点，也知道自己的短处、缺点；我深知自己的潜能和心愿，也看到自己的困难和局限。人类永远具有灵与肉、好与坏、真与伪、绚烂与孤独、坚定与犹疑等等两重性。

自我容纳的人，能够实事求是地审读自己，也能正确理解和看待别人的两重性，这样就会抛弃骄傲自大、清高孤僻、鲁莽草率之类导致失败的弱点。我们以这种自我认识、相互包容的观念意识付诸行动，就能从自身条件不足和不利环境的局面中解脱出来，不必藏拙，不怕露怯。即使明知在某方面不如别人，只要是自己想做的事，也会果敢行动、我行我素。因为一个人只有经过跌跌撞撞，爬起来再来，才能学会诸多本领和技能。

任何人都有缺点和弱点，任何人也都有无知无能的方面，只不过表现在不同的事情上而已。因而，每个人在自我表现和与人交际中都会有"出丑"的表现。有些人由于不能实事求是地对待自己的缺点，拿出勇气，去革新和突破自己，所以情愿不做事、不讲话、不交际，不愿意在别人面前暴露自己的弱点。在灯光灿烂、乐曲悠扬的宴会厅里，他们很想站起来跳舞，可是怕别人笑话自己舞技拙劣，宁愿做一晚上的看客。跳得好的人越多，观众越多，他们就越鼓不起勇气。

美国著名的管理学家彼得·德鲁克在《有效的管理者》一书中写道：倘要所有的人没有短处，其结果最多是形成一个平庸的组织。所谓"样样都是"，必然"一无是处"。才干越高的人，其缺点往往也越明显，有高峰必有深谷。

谁也不可能十全十美，与人类现有的知识、经验、能力的汇集相比，任何伟大的天才都不及格。只能见人之所短而不能见人之所长，从而刻意于挑其短而不是着眼于其长，这样的经营者本身就是弱者。有些人，搞不清楚为什么要放弃完美，以为不追求完美将达不到理想的目标。这只是一种惯性思维，事实是，大多数时候，我们只有放弃完美，才能树立起自信自爱的意识，才能真正地认识和确立自己的价值、选择和追求。

2. 每个生命都有优点和欠缺

在一个讲究包装的社会里，我们常羡慕别人光鲜华丽的外表，对自己的欠缺总是耿耿于怀。

其实没有一个人的生命是完整无缺的，每个生命都有欠缺。

有人薪金丰厚，月收入数十万元，却因劳累过度而患病；

有人才貌双全，事业发达，情字路上却是坎坷难行；

有人家财万贯，却是子孙不孝；

有人看似风光，却只是昙花一现；

……

每个人的生命，都被上苍划了一道缺口，你不想要它，它却如影随形。

你要宽心接受，体会到生命中的缺口，不是伤口，而是一扇门、一页窗……

没有苦难，我们会不知甘甜；没有沧桑，我们不会长大。

人生不会太圆满，残缺一样能流光溢彩。

如果你能体会到每个生命都有欠缺，就不会再去与人作无谓的比较了，反而更能珍惜自己所拥有的一切。

有位著名企业家说："这辈子所结交的达官显贵不知多少，他们的外表实在

上辑｜宽心的智慧

都令人羡慕，但深究其里，每个人都有一本难念的经，有的甚至苦不堪言。"

所以，不要再去羡慕别人如何如何，好好数数上苍给你的恩典，你会发现你所拥有的绝对比没有的要多出许多。缺失的那一部分，虽不可爱，却也是你生命的一部分，接受它且善待它，你的人生会快乐豁达许多。

如果你是一只蚌，你愿意受尽一生痛苦而凝结成一粒珍珠，还是不要珍珠，就那么舒舒服服地活着？

以前的扑满都是陶质的，一旦存满了钱，就要被人敲碎。

如果有这么一只扑满，一直没有钱投进来，一直完整到今天，它就成了贵重的古董。

你愿意做哪一种扑满？

记下你的答案。如果有一天你的答案不再变动，那就说明你成熟了！

3. 快乐是可以分享的

一位考古学家说："人类之所以成为进化程度最高的生物，分享的行为是功不可没的。"人类社会中金钱、财富、物质……都是可以与人分享的，包括快乐也是可以分享的。

给予是快乐的源泉，为别人带来快乐的同时，我们自己也会处于快乐的包围之中。快乐是可以分享的，你给别人带来了快乐，你分享给别人的东西越多，你获得的东西就会越多。你把幸福分给别人，你的幸福就会更多。

大家都生活在同一个社会里，人类生存的需要决定了人与人之间的关系必须是相互依存的，你关心了别人，别人也会关心你。当你为别人做了好事时，你会有一种由衷的快感和心灵的慰藉，而同时也赢得了别人的敬慕。

从前有个国王，非常疼爱他的儿子，总是想方设法满足儿子的一切要求。可即使这样，他的儿子却总是整天眉头紧锁，面带愁容。于是国王便悬赏寻找能给儿子带来快乐之能士。

有一天，一个大魔术师来到王宫，对国王说有办法让王子快乐。国王很高兴地对他说："如果你能让王子快乐，我可以答应你的一切要求。"

魔术师把王子带入一间密室中，用一种白色的东西在一张纸上写了些什么交给王子，让王子走入一间暗室，然后燃起蜡烛，注视着纸上的一切变化。快乐的处方会在纸上显现出来。

王子遵照魔术师的吩咐而行。当他燃起蜡烛后，在烛光的映照下，他看见纸上那白色的字迹化作美丽的绿色字体："每天为别人做一件善事！"王子按照这一处方，每天做一件好事。当他看见别人微笑着向他道谢时，他开心极了。很快，他就成了全国最快乐的人。

俄国诗人涅克拉索夫的长诗《在俄罗斯，谁能幸福和快乐》中写道：诗人找遍俄国，最终找到的快乐人物竟然是枕锄瞌睡的农夫。是的，这位农夫有强壮的身体，能吃能喝能睡，从他打瞌睡的眉目里和他打呼噜的声音中，便流露出由衷的开心。这位农夫为什么能开心？不外乎两个原因，一是知足常乐，二是劳动能给人带来快乐和开心。正是因为农夫付出了能让别人快乐的劳动，所以他才能成为最快乐的人。付出最多的人，往往获得也最多。

有一个关于动物的故事：

树上落了一只嘴里衔着一大块食物的乌鸦。许多追踪这个富有者的乌鸦立刻成群飞来。它们全都落下来，一声不响，一动不动。那只嘴里叼着食物的乌鸦已经很累了，很吃力地喘息着，它不可能一下子就把这一大块食物吞下去。它也不能飞下去，在地上从容不迫地把这块食物啄碎。那样乌鸦们会猛扑过去，于是就要开始一场通常所说的混战了。它只好停在那儿，保卫嘴巴里的那块食物。

也许是因为嘴里叼着食物呼吸困难，也许是因为它被大家追赶，已经弄得精疲力竭，只见它摇晃了一下，突然失落了叼着的那块食物。

所有的乌鸦都猛扑上去。在这场混战中，一只非常机灵的乌鸦抢到了那块食物，立刻展翅飞去。这当然是另一只乌鸦——头一只被追赶得精疲力竭的乌鸦也在跟着飞，但已明显地落在大家的后面了。

结果是第二只乌鸦也像第一只一样，弄得精疲力竭，也落到一棵树上，也是终于失落了那块食物。于是又是一场混战，所有的乌鸦又去追赶那个幸运儿……

请看，富有的乌鸦的处境多么可怕，而这一切只是因为它只为了自己。

不会与别人分享，最终的结果是自己也享受不到。快乐分给大家，就会成倍地增加；相反，如果紧握住不放，就会变得苦涩。

从前，有一位犹太教长老酷爱打高尔夫球。在一个安息日，这位长老突然很想打高尔夫球。按照犹太教的规定，信徒在安息日必须休息，不能做任何事情。但是，这位长老实在忍不住，决定偷偷地去高尔夫球场。

来到高尔夫球场，空旷的球场上一个人也没有。长老高兴地想："反正也没人看见我在打高尔夫球，我只要打九个洞就回去，应该没什么问题吧！"

于是，长老高兴地开始打球了。他刚打第二洞，就被天使发现了。天使非常生气，就到上帝面前去告状，要求上帝惩罚这位长老。

上帝答应天使要惩罚长老。

这时，长老正在打第三洞。只见他轻轻地一挥球杆，球就进洞了。这一球是多么完美，长老高兴极了！

天使默默地注视着这一切。令她意外的是，接下来的几个球，长老都是一杆就打进去了。天使非常不解，而且非常生气。她又跑到上帝面前说："上帝呀，你不是要惩罚这位长老吗？怎么不惩罚他呢？"

上帝说："我已经在惩罚他了！"

天使看了看长老，只见极度兴奋的长老，早已忘记自己只打九洞的计划，决定再打九洞。天使不解地问上帝："我怎么没见您在惩罚他？"上帝笑而不语。

这位长老又打完了九洞，每次都是一杆就进洞。长老心里很高兴，但是，不一会儿，他就露出了不悦的表情。

上帝语重心长地对天使说："你看见了吗？他取得了这么优秀的成绩，心里十分高兴，但是，他却不能跟任何人讲这件事情，不能跟任何人分享心中的愉悦，这不是对他最好的惩罚吗？"

天使这才恍然大悟。

分享是一种美德，更是一种快乐。萧伯纳曾经说过："你有一个苹果，我有一个苹果，彼此交换，每个人只有一个苹果。你有一种思想，我有一种思想，彼此交换，每个人就有了两种思想。"分享能够让人减少痛苦，获得快乐。一个人在生活中需要与人分享自己的痛苦和快乐，没有分享，他的人生就是一种惩罚。

4. 想开一点，学点洒脱

鲜花开了还会败，大树老了也会衰。没有一世的晴空，没有终生的畅快。总是艳阳过后有乌云，总是平坦之末有歧路；总是有笑又有哭，总是无邪过去是无奈。我们又何必整天忧心忡忡地惶惶度日呢？

幸福还是痛苦，都凭你的感受。俗话说："想开一点！"那我们又为何不真的想开一点，学点洒脱，潇潇洒洒地奔自己的前程呢？

"挥一挥衣袖，不带走一片云彩"是一种洒脱，借此诗意的挥洒，你便抛却了无尽的离愁。

"醉卧沙场君莫笑"是一种洒脱，借此浪漫主义的注入，你便走进了超越生命空间的殿堂。

"别人生气我不气，气出病来无人替"是一种洒脱，借此调侃的语气，你便远离了无绪的烦忧。

洒脱既可以说是一种外在行为方式，也可以被看作是一种内在的精神境界。

有这样一个人，他觉得生活很沉重，便去见哲人，寻求解脱之法。

哲人给他一个篓子背在肩上，指着一条沙砾路说："你每走一步就捡一块石头放进去，看看有什么感觉。"那人照哲人说的去做了。哲人便到路的另一头等他。

过了一会儿，那人走到了头，哲人问有什么感觉。那人说："觉得越来越沉重。"哲人说："这也就是你为什么感觉生活越来越沉重的道理。当我们来到这个世界上时，我们每人都背着一个空篓子，然而我们每走一步都要从这世界捡一样东西放进去，所以才有了越走越累的感觉。"

那人问："有什么办法可以减轻这沉重吗？"

哲人问："那么你愿意把工作、爱情、家庭、友谊哪一样拿出来呢？"

那人不语。

哲人说："我们每个人的篓子里装的不仅仅是从这个世界上精心寻找来的东西，还有责任。当你感到沉重时，也许你应该庆幸自己不是总统，因为他的篓子比你的大多了，也沉多了。"

算起来，人最轻松的时候，一是出生时，一是死亡时。出生时赤条条而来，背的是空篓子；死亡时，则要把篓子里的东西倒得干干净净，又是赤条条而去。除此之外，一个人的一生，就是不断地往自己的篓子里放东西的过程。得了金钱，又要美女；得了豪宅，又要名车；得了地位，还要名声。每个人生怕自己篓子里的东西比别人放得少，哪怕是如牛负重，心为形役。这又岂能不累？要想真

上辑　宽心的智慧

不累，其实也容易得很，只消把背篓里的东西扔出去几样。可每往篓子外扔一件东西，我们都会心疼得流血。干脆换个思路，给自己找心理平衡。那么，当你感到生活篓子里的东西太重因而步履蹒跚的时候，你不妨再看看左邻右舍羡慕的眼光，看看他们同样也在拼命地往篓子里捡东西。你会安慰自己，你装的东西多，是你的成就多，别人想装还装不进来呢。

生活就是这样，你要想在篓子里多装东西，就得比别人更辛苦。既然样样都难以割舍，那就不要想背负的沉重，而去想拥有的快乐。

人要活出一点味道，活得有点境界，就得学会摆脱紧张。而摆脱紧张的最好办法就需要来点洒脱。洒脱既可以说是一种外在的行为方式，也可以被看作是一种内在的精神境界。一个人要做到洒脱，首先就要调整好自己的心态，淡化功利意识。不要把自己的存在、自己的行为看得那么重大。不妨设想一下，这个世界离开了谁地球也照转。人的功利意识或者说使命意识太强，相对来说，其精神负载就大；其压力就大，也就必然活得比常人紧张。但是，也有一种身负重任者却往往忙中偷闲。有的人即使担当天下大任，也能够表现出一种闲态。比如在军事活动频繁之时，诸葛亮仍旧羽扇纶巾，谢安仍旧是游墅围棋，这是一种潇洒，也是一种素质。只有这种闲情逸致才能养成他们临事不惊的本领。苏东坡为官时不也很有一番洒脱之情致吗？如果没有这种洒脱，不是你办事能力太低，就是你的私欲过重。

洒脱是一种高层次的人生态度，是一种心灵境界。洒脱是使你心灵田野丰收的养料，是使你浮游尘土的飞翼。现代人是很难做到洒脱，也未必会崇尚洒脱。但是，洒脱不一定需要太多，只要有那么一点，就能使你获得生活的所有愉悦！

5. 生活永远是豁达的

生活对每个人都赋予了同样美丽的意义和无穷的快乐。只要你认真地去体会，去感受，哪怕你是一个有缺陷的人，也会同样拥有完美的生活。

麦克出生时，双目失明。医生说："他患的是双眼先天性白内障。"

他的父亲不甘心："难道你就束手无策了吗？手术也无济于事了吗？"

医生摇摇头："直到现在，我们还没找到治疗这种病的方法。"麦克不能看见东西，但是他的双亲的爱和信心，使他的生活过得很丰富。作为一个小孩，他还不知道自己失去的东西。

然而，在他6岁时，发生了他所不能理解的一件事。一天下午，他正在同另一个孩子玩耍。那个孩子忘了麦克是盲人，抛了一个球给他："当心！球要击中你了！"这个球确实击中了麦克。此后，在他的一生中再没有发生过那样的事了。

麦克虽没有受伤，但觉得极为迷惑不解。后来他问母亲："比尔怎么在我之前先知道我将要发生的事？"

他母亲叹了一口气，因为她所害怕的事终于发生了，现在有必要第一次告诉她的儿子："你是盲人。"

"孩子，坐下。"她很温柔地说道，同时伸过手去抓住他的一只手，"我不可能向你解释清楚，你也不可能理解得清楚，但是让我努力用这种方式来解释这件事。"她同情地把他的一只小手握在手中，开始计算手指头。

"1-2-3-4-5。这些手指头代表着人的五种感觉。"她讲道，同时用她的大拇指和食指顺次捏着麦克的每个手指。

"这个手指表示听觉，这个手指表示触觉，这个手指表示嗅觉，这个手指表示味觉。"然后她犹豫了一下，又继续说："这个手指表示视觉。这五种感觉中的每一种都能把信息传送到你的大脑。"她把那表示视觉的手指弯起来，按住，使它处在麦克的手心里，慢慢地说道："你和别的孩子不同。因为你仅仅用了四种感觉，并没有用你的视觉。现在我要给你一样东西。你站起来。"

麦克站起来了。他的母亲拾起他的球。"现在，伸出你的手，就像你将抓住这个球。"她说。麦克抓住了球。

"好，好。"他母亲说，"我要你决不忘记你刚才所做的事，你能用四个而不用五个手指抓住球。如果你由那里入门，并不断努力，你也能用四种感觉代替五种感觉，抓住丰富而幸福的生活。"

麦克绝不会忘记"用四个手指代替五个手指"的信条。这对他说来意味着希望。每当他由于生理的障碍而感到沮丧的时候，他就用这个信条作为自己的座右铭，激励自己。他发觉母亲是对的。如果他能应用他所有的四种感觉，他确实能抓住完美的生活。

是的，也许在生活中，我们都有这样或那样的缺点、缺陷，然而，只要我们有信心，通过自身不懈的努力，就一定能克服各种障碍，找到生活的意义。完美生活不一定是完美的人才能感受得到的，只要我们不懈地去努力并用心去体会，就能品尝到生活所赋予的酸、甜、苦、辣等各种生活的真滋味，将掺和着百味的人生过得有声有色，过得圆满！

6. 重视生命的"亮度"

在远古的时候，山上的部落有个年轻小伙子，有一天到外狩猎时，非常意外地捕捉到一匹野马。他兴奋地带着野马回到了部落，好消息传遍了族内，人们无不夸赞野马的俊美，并为年轻人的奇遇感到嫉妒。大家都说他是一个幸运的男孩。

然而好景不长，年轻人为了驾驭野马，不慎被摔下马背，跌断了腿。于是族人开始传说野马为不祥之物，才会为年轻人带来如此的灾祸。

年轻人只得留在床上休养。家人对这匹野马心生怨怼，纷纷避开，并为年轻人的遭遇感到难过。

正巧，那时正逢兵荒马乱，族内的年轻男丁皆被抓去充军。躺在病床上的年轻人，因摔断了腿，留在家中，免受征召。族人又开始众说纷纭，赞许"良驹"为年轻人带来幸运，免于一劫。

人生路上的得失祸福，岂是一时可以论断的？

生命行进的过程中，或许会遭遇一些起承转合，我喜欢这个"少年和野马的故事"，它教我们用平实的心情看待人生一时的喜与忧，也用平实的心情顺其自然，在不同的激流中发现一些人生的智能与契机。

挫折何尝不是老天交付的功课，挫折又何尝不该值得感激？

有人抱怨上帝——因玫瑰有刺。

有人却赞美上帝——因刺中有玫瑰。

人生无常，当下最真。

一位企业家谈及他的生死观时说，他曾生过大病，住过加护病房，在生死一线间被拉回人间。从此思索着"我还有什么事没做，要及时做"。他说："现在我的每一天，都过得是很感恩的生活。以前怕死，之后不怕了。像前些时候飞机常失事，我却照样搭飞机在国内外飞来飞去。事业上越来越放下，志业越来越提起。"

他从死亡边缘回来后，第一个想到的就是回馈社会。他说："真正的欢喜，是亲身投入。"

兰登曾说过一段深含寓意的话："在我们一出生时，就应该有人告诉我们：你在朝向死亡前进。那么我们就会全心全意地好好生活，善用每一天和每一分钟。"

时间，由无数个"当下"串在一起。每一瞬间、每一个当下，都带有有恒的种子。抓住每一个当下，人生了无缺憾。

许多人一心想活得长寿些，与其活得长，倒不如活得好。重要的不是你活了多久，而是你活得"好"；重视生命的"亮度"而非长度。

套用一句伯纳德·杰森的话：活得够长，不一定活得够好，但是活得够好，就是够长了。

假如自己只剩下七天生命，那么你将如何安排？和谁共度？多半的回答是："如果我只剩七天，我会告诉××我对他的爱。"

"如果我只能活七天，我要坐在海边，欣赏夕阳……"

大多数人都希望能做些使生命更完整的事，而且也都意识到这件事的迫切。那么，还等什么呢？为什么要等到只剩下"最后"的七天，才愿意去做这些事？为什么不现在就做？

7.宽恕别人，升华自我

有这样一幅漫画：A拿了一张白纸，用一支笔在中间画了一个黑点，然后问B："你看到了什么？""一个黑点！"B一脸不屑地回答说。A再问："为什么这么大一片白色你看不到，而只看到这黑色的一小点呢？"B一脸茫然。

这里提出的的确是一道发人深思的问题。在生活中，在这个五光十色的社会中，我们往往是一眼就能看到别人的小小缺点，而更多的优点却视而不见。

原因可能很多，而习惯性的自私、嫉妒心理大概也是主要的原因。看到他人的利益，看到他人的美好，往往高兴不起来，主要是因为我们的心胸太狭窄了。

宽容就是医治嫉妒、自私、心胸狭窄的最好方法。

宽恕，是人类的一种美德，宽恕的本身，除了减轻对方的痛苦之外，事实上，也是在升华自己。因为，当我们宽恕别人的时候，我们能得到真正的快乐。犯错是常见的平凡，宽恕却是一种超凡。假如我们看别人不顺眼，对别人的行为不满意，痛苦的不是别人，而是自己。

一般人说："我恨你！"，但是你恨死对方，对方也许并不知情。因为不知情，他不会有任何损失，也不会有什么负担。反倒是你自己的内心，因为有"恨"而一刻也不得宁静，痛苦不已。因此，我们要了解，"恨"是世界上最愚痴的行为。

唯有懂得宽恕别人，才能得到真正的快乐。如果一个人的快乐，是希望从别人身上去获得，那会比一个乞丐沿街乞讨还要痛苦。

快乐不是别人可以给我们的，而是要由我们自己来解脱，自己来超越。想要得到快乐，就不要太过于敏感。因为这种人，对周遭的一切都太在乎、太在意了，那就像自己拿了好多条绳子绑住自己一样，真是自找麻烦、自讨苦吃。

因此，快乐要先学习从宽恕别人而来，宽恕是升华自己的本源，两者相辅相成，若能如实地运用在生活当中，那么，便能远离痛苦了。

其实，宽恕也是治愈伤害的良药。对于大多数人来说，宽恕他人要做很大的努力，但至少可以从憎恨他人的苦恼中解脱出来。如果不能宽恕，那么，至少可以忘掉他人对自己的伤害。

亚伯拉罕对上帝说："上帝哦，我的兄弟已经伤害我7次，请问我还能宽恕他几次？"

上帝说："你还要宽恕他人1000次。"

内心的平静，是通过改变你自己而获得的，而绝不是通过报复获得的。为了你自己，为了快乐，为了内心的平静，为了光明的未来，请你改变你自己。你宽恕了伤害你的人，你将获得更多，生活也将更加美好！

经典小测试：对于现状你满意吗

测试攻略

测试意义：★★★★

准确指数：★★★

测试时间：15分钟

测试搭档：朋友、同事。

测试情景

小红帽和大灰狼的故事里，小红帽被大灰狼吃进了肚子里面，但是最后被猎人救了。假如你是故事里的小红帽，当猎人剖开大灰狼的肚子救你出来时，你想说的第一句话是什么？

测试问答

A.可恶的大灰狼，踹死你！

B.猎人先生，真是谢谢你救了我。

C.哇！闷死我了！

D.什么也说不出来，只是哭个没完。

测试解析

A.不满意自己的现状。

选择报复的手段，显然你对自己的现状很不满！你会觉得被什么事务束缚着，而渴望寻求一分解脱？对于爱情，你似乎也抱持着一份拒绝的态度，可能围绕在你身旁的追求者令你心烦，也可能是过去曾受过什么伤害，或者你压根儿就觉得爱情只是一种束缚。其实，与其埋怨现实而拒绝现实，不如去重新体认现况而试图改变！

B.对于现状没有什么特殊的感受。

像你这种人，是比较和顺而脚踏实地在过生活的。你对现状没有什么满不满意的问题，只是依着自己的性情，认真地力求自我成长。如果真要谈起恋爱，也是冀望自己能经由爱情的淬炼，而变得更加成熟，洞悉人情。如果你是女性的话，想必会是个明理的好妻子、好母亲！

C.对于现状颇为不满。

你也是个对自己现况颇为不满的人，因为你已经对生活提出了抗议，你也总

上辑｜宽心的智慧

是觉得生活太平淡无奇，一成不变而缺乏刺激。所以，在很多的时候你会极力去寻求各种让日子新鲜多变的方法。谈场恋爱可能是你所能想到最好的方式了，但请小心选择你的另一半，不要因为空虚而去抓住不切实际的人。

D. 害怕改变现状。

选择这个答案的人是个害怕去改变现况的人。这类人以女性居多，都是活在自己的小世界里安于现状，一旦遭遇什么变动，就会变得不知所措，甚至惊慌逃避，比如有追求者突然出现时，你会觉得他是在打扰自己平静的生活，而不愿打开心房去尝试一下，以至于一再的错失机缘。其实，爱情也没有你想象中的那么复杂难解，试着以轻松的态度去面对，你会发现另有一番天地。

测试点拨

很多人因为不满足自己的现状，所以看什么都不顺眼，做什么都不顺手。而这种人，是过分追求完美，总是要求别人达到自己心目中的高度，殊不知，这些可能是自寻烦恼。有时候，敞开自己的心扉，试着接受身边的人和事，你就能走出自己设置的障碍。

下辑　舍得的艺术

第一章　弯得下才能站得高——舍得己

佛经上有一条经典名言：能够把自己压得低低的，那才是真正的尊贵。就是做人要谦逊，不能盛气凌人。就像成熟的麦穗一样，总是低着头；而那些高傲地抬着头的，一般都是没有真东西的。

1. 低头弯腰保护自己

风一吹便低俯的草，其实是饱经风霜、通过无数次考验的坚韧的草。人生何尝不是如此。低头弯腰，保护了自己，强硬只能夭折得更快。现实生活中，很多人都会碰到不尽如人意的事情，需要暂时退却。这时候，你必须面对现实。要知道，敢于碰硬，不失为一种壮举。可是，胳膊拧不过大腿。硬要拿着鸡蛋去与石头碰，只能是无谓的牺牲。这个时候，就需要用另一种方法来迎接生活。这就是适时低头。

富兰克林年轻时曾去拜访一位前辈。当他昂首阔步进门的时候，头被门框狠狠地撞了一下，奇痛无比。出门迎接的前辈看着他这副样子，笑笑说："很痛吧！可是，这将是你今天来访问我的最大收获。一个人要想平安无事地活在世上，就必须时时刻刻记住低头，这也是我要教你的事情。"

这成为富兰克林一生的生活准则之一。

年轻人最易犯的毛病就是心高气盛、恃才傲物，总以为自己是鸿鹄，别人都是燕雀，眼光总是高高向上，根本不把周围的一切放在眼里。直到有一天，被眼前的门框撞了头，才发现门框比自己想象的要矮得多。

要想进入一扇门，必须让自己的头比门框更矮；要想登上成功的顶峰，就必须低下头弯起腰做好攀登的准备。

那些登上顶峰的人们，不论是在舞台上发表演说还是乘机出访，总是微微低着头俯视脚下的人群，因为他们站在高处；而他们脚下成千上万的人，总是高高抬起头向上仰望，因为他们站在低处。

站在低处的人，总是高高抬着头，因为他们脚下什么都没有，他们只能往上看。

曾有人问大学问家苏格拉底："据说你是天底下最有学问的人，那么我想请教一个问题：请你告诉我，天与地之间的高度到底是多少？"

苏格拉底微笑着答道："三尺！""胡说，我们每个人都有四五尺高，天与地之间的高度只有三尺，那人还不把天给戳出许多窟窿？"苏格拉底仍微笑说："所以，凡是高度超过三尺的人，要能够长久立足于天地之间，就要懂得低头呀！"

民间有句非常贴切的谚语："低头是稻穗，昂头是稗子。"越成熟，越饱满的稻穗，头垂得越低。只有那些穗子里空空如也的稗子，才会显得招摇，始终把头抬得老高。

要想抬头，必须懂得先要低头。如果不懂得低头，就会撞得头破血流，甚至为此而失去性命。

记得《史记》中记载着这么一个故事：

战国时代的范雎本是魏国人，后来他到了秦国，向秦昭王献上远交近攻的策略，深为昭王所赏识，于是他升为宰相。但是他所推荐的郑安平与赵国作战失败。这件事使范雎意志消沉。按秦国的法律，只要被推荐的人出了纰漏，推荐人也要受到连坐的处分。但是秦昭王并没有问罪范雎，这使得他心情更加沉重。

有一次，秦昭王叹气道："现在内无良相，外无勇将，秦国的前途实在令人焦虑呀！"

秦昭王的意思原为刺激范雎，要他振作起来再为国家效力。可是范雎心中另有所想，感到十分恐惧，因而误会了秦王的意思。恰好这时有个叫蔡泽的辩士来拜访他。对他说道："四季的变化是周而复始的，春天完成了滋生万物的任务后就让位给夏；夏天结束养育万物的责任后就让位给秋；秋天完成成熟的任务后，就让位给冬；冬天把万物收藏起来，又让位给春天……这便是四季的循环法则。如今你的地位，在一人之下万人之上，日子一久，恐有不测，应该把它让给别人，才是明哲保身之道。"

范雎听后，大受启发，便立刻引退，并且推荐蔡泽继任宰相。这不仅保全了自己的富贵，而且也表现出他大度无私的精神风貌。

后来，蔡泽就宰相位，为秦国的强大作出了重要贡献。当他听到有人责难他后，也毫不犹豫地舍弃了宰相的宝座而做了范雎第二。可见聪明的智者都不会一味地贪图富贵安逸，在适当的时候，他们都会主动退出舞台，以保全自身。

在生活中历练过的人，都能了解，谦虚往往被看成软弱。这种生活态度与其说是软弱，不如说是尝遍人世辛酸之后一种必然的成熟。那些昂首高论、不以为然的人，对这个问题，乃至人生的认识显然有限，因而表现出来的，只是一种无知的强劲，一种似强实弱的强。真正的智慧，属于谦逊的人。

当今社会，变幻莫测，错综复杂。因此在漫长的人生跋涉中，不得不学会低头。但学会低头并不是妄自菲薄与自卑，学会低头意味的是谦虚、谨慎。

或许，在现实生活中我们应该试着去学习低头、学会认输。其实这并不难。只是知道，当自己摸到一张烂牌时，不要再希望这一盘是赢家。只有傻子才在手气不好的时候，对自己手上的一把烂牌说，我们只要努力就一定会胜利。学会低头，就是在陷入泥潭时，知道及时爬起来，远远地离开那个泥潭。只有笨蛋才会在狼狈不堪的时候，对自己的鞋子说，我们是出淤泥而不染的。学会低头，就是在上错了公交汽车时，及时下车，另外坐一辆车子。

雷墨曾经说过："低头是需要勇气的。"试想，为争一时之气而拼个你死我活，于己于事又有何益呢？泰山压顶，先弯一下腰又何妨？折断了就永远断了，而弯一下腰还有挺起的机会。

明太祖朱元璋在位时，有一位吏部科给事中，名叫王朴，曾因直谏，犯了龙颜而被罢官。不久，又被起用做御史时，他马上评议当时的时政，在朝廷之上，多次与皇帝争辩是非，不肯屈服。一日，他为一事与明太祖争辩得很厉害。太祖一时非常恼怒，命令杀了他。等临刑走到街上，太祖又把他召回来，问："你改变自己的主意了吗？"王朴回答说："陛下不认为我是无用之人，提拔我担任御史，奈何摧残污辱到这个地步？假如我没有罪，怎么能杀我？有罪何必又让我活下去？我今天只求速死！"朱元璋大怒，赶紧催促左右立即执行死刑。

不是说生性耿直不好，但王朴实在是太不开窍了，心中那种傲气犟劲一产生就消失不了，而且越来越旺，连皇帝给他机会都不要。这固然是受愚忠的毒害，但也与他心高气傲、不懂处世策略有很大关系。他不懂得弯与折的辩证法——尤其在一言九鼎的皇帝面前，以致毫无价值地送了自己的小命。

在人生道路上，我们常常因光彩的事物而迷失了方向，以不屈不挠、百折不回的精神坚持到底，结果输掉了自己。所以用平和的心态，学会低头，这恐怕应该是最基本的生活常识吧。

学会向生活低头，学会融入生活，这是我们每一个人成长的必经之路。在个性化、时尚化、特殊化泛滥的今天，或许很多人会对"向生活低头"嗤之以鼻，以为是陈年旧物。其实，学会向生活低头，就是学会了更好地融入周围的生活圈中，更快地适应生活。深谙"外圆内方"的处世之道，能够更好地同别人打交道，多为别人考虑，少为满足自己的私欲而损害他人，也最容易赢得大家的欢迎。

学会向生活低头，就是学会"蓄势"，为将来"待发"做好充分的准备，懂得厚积薄发。余秋雨先生在《为自己减刑》一书中提到了他的一位狱中朋友因受其启发，在监狱里苦学英语，并终有所成。刑满释放时，带出了一本60万字的英语译稿，且出狱时神采飞扬，丝毫不像受过牢狱之灾的人！他的这位朋友学会了向生活低头，学会了"利用"生活，学会了先"委屈"于生活，后"俘虏"生活，并最终能够主宰自己的命运。

学会低头，是处世的一门基本学科，是为人的一种至高境界，是认真生活着和生活过的人的一种很好的体会、总结。

2. 喜怒不形于色

喜怒不形于色，变成一个无缝的"蛋"，是为了免受苍蝇的叮咬。此种人并非是卑躬屈膝，装出笑脸，更不是为了奉承上级，强露笑齿，而始终保持自然的神态，喜怒不形于色。没有一定的知识和阅历的人，尤其是刚刚进入社会，还不成熟的人是很难做到的。

把喜怒哀乐由情绪中抽离，你便可以理性、冷静地看待它，思索它对你的意义，进而训练自己对喜怒哀乐的控制，做到该喜则喜，不该喜则绝不喜的地步。

唐太宗贞观二年，河南有个叫李好德的人有精神病，常乱讲一些妖言，皇帝下令大理丞相张蕴古去察访此事。张蕴古察访后上奏折说李好德确实有病，而且有检验结果，不应当抓起来。后来有人上书弹劾张蕴古，说他是相州人，而李好德的哥哥李厚德是相州刺史，所以说是张蕴古讨好顺从他，考察之情也不会是实事求是。皇帝很生气，下令把张蕴古杀了。后来才知道张蕴古是冤枉的，皇帝暗地里很后悔。

由于自己一时的怒气，不详细核实，不做认真细致的调查，就草菅人命，唐太宗也过于轻率了。这是不忍怒气的后果。人一发怒，出于一时的激愤，做事就有可能过火，等认识到问题的严重性，为时已晚。就在同一年里，又有一次，唐太宗又因为瀛洲刺史卢祖尚文武双全、廉直公正，征召他进朝廷，告诉他："交趾久久没有得到适当的人去管理，现在需你去镇抚。"

卢祖尚行礼感谢后出来，不久就感到后悔，他托病推辞。皇上派杜如晦等人宣读诏书。卢祖尚坚决推辞，皇上非常生气，说："我派人都派不出去，还怎么处理政务？"下令把他杀了，但很快又感到后悔。魏徵对他说："齐文宣帝要任青州长史姚恺为光州刺史，姚恺不肯去。文宣帝气愤地责备他，他回答说：我先任大州的官职，只有功绩并没有犯罪，现在却让我担任小州的官职，所以我不愿意去。文宣帝就饶了他的死罪。"唐太宗说："卢祖尚虽然有失臣子的礼义，我杀了他也太过分，由此看来，我还不如文宣帝呢。"马上命令恢复卢祖尚荫庇子孙任官的权利。

唐太宗认识到了自己做事因怒不忍，过于急躁，连杀了两位臣子，悔恨之意溢于言表。尽管他知错能改，但毕竟有些事情是无法补救的。正是由于怒能造成严重的危害，所以古今中外许多人都下功夫去研究制怒的办法。很多人发现制怒的唯一良方是忍。在一般的情况下，人们应该抑制愤怒情绪的发作，以利自身健康，以利团结他人，以利相安和谐，以利国家社会安定，以利事业发展。综观天下成大事者均是喜怒不形于色之人，若一时气怒，不仅伤身，还会为日后成大事设下重重"关卡"。

喜怒形于色，不仅不利于人，更不利于己。

不管你心里有多大波涛在起伏，你都不要表现出来，都要藏在心里。这样做的原因有二：其一是你心里的事是你自己的，让别人来一同承受是不公平的。其二，你都表现出来，人家会觉得你这个人太浅薄，什么事都藏不住。

在生活中，喜怒不形于色的人是能够成大事的。

自古以来，凡是成功者很少有因外界的事物而亦喜亦忧的。当然，人有时会高兴，有时候不免忧愁，但千万不要被情绪所左右。有高兴的事，表现在脸上无妨，但悲哀的事就不要表现出来。因为将一切都表现在表面上，更会促使情绪强烈化，而不能忍受悲哀。如把愤恨表现在脸上，恨也会加倍。因此，成功立业之人，对这方面都尽量不形于色。

　　当你有不愉快的事，突然被上司看到，并因你不形于色感到奇怪，你应该高兴。因为上司会觉得：这个人遇到这种情况仍脸色不变，究竟此人是怎样的一个人呢？而无法透知你的底细。

　　当你被大家认定是不会随便改变脸色的人，你的上司可能早已在心里对你敬畏三分。无论上司如何骂你、嘲讽你、冷淡你，你都能默默忍受，连眉头都不皱一下，这种修养需要有相当的自信才可做到。

　　当你失意或得意时，都能泰然自若，不表现出不悦之色或骄矜之色，在旁人看来，会觉得你很了不起。

　　与上司交涉时，要堂堂正正的由正面接触，谈论的道理要有证据，如此上司便不敢不重视你。争辩时，你必须说一声："我不敢跟你强争，否则会伤感情，但请你多多考虑。"

　　如此一来，上司会觉得你替他保留了一点面子，抗拒心就会减少。如你逼他太甚，一定会激起他的怒火，他势必不肯认输，而跟你争辩到底，一场争斗就免不了了。

　　所以，我们要为对方留下一条退路。当你的上司向你表示折服时，你一定要表示出你的诚意：

　　"因为我有我的立场，因此不得不向你提出这些违背你的议案。事实上，我并不是要反驳，只是为了整体的利益才这样做，这点请多多包涵……幸亏能得到你的谅解，让我松了一口气，今后还请多多指教……"这样以低姿态来跟他说出你的真意。正面的争论和充满着诚意，这两者都具备，则上司必然无法战胜你，而且也会认输，说："这个人的头脑真好，这人也真不错，看样子，我原来误解了他。"

　　不管是沉默还是有必要的争论，都必须就事论事，不带感情色彩，才会达到应有的效果。

下册｜舍得的艺术

3. 做人还是谦虚一点好

一时的成绩不代表永久，也不代表你就比别人高一筹。成绩是自己的，如果一味张扬、炫耀，只会带来负面效应。

中国人受儒家传统文化影响深厚。"知之为知之，不知为不知，是知也。""谦虚使人进步，骄傲使人落后"……这样的格言、警句多如牛毛。它们说的都是对待荣誉的看法，在荣誉面前保持平和，才会有更大的进步，也不会影响到别人，特别是没有成就的人的感情。

不仅中国如此，国外也一样。美国科学家富兰克林说过："缺少谦虚就是缺少见识。"英国哲学家斯宾塞认为："成功的第一个条件是真正的虚心，对自己的一切敝帚自珍的成见，只要看出与真理冲突，都愿意放弃。"法国思想家孟德斯鸠说："我从不歌颂自己，我有财产、有家世，我花钱慷慨，朋友们说我风趣，可是我绝口不提这些。固然我有某些优点，而我自己最重视的优点，即是我谦虚……"可见，谦逊是我们人类共同珍视的美德。

爱因斯坦由于创立了"相对论"而声名大振。据说，有一次，他9岁的小儿子问他："爸爸，你怎么变得那么出名？你到底做了什么呀！"爱因斯坦说："当一只瞎眼甲虫在一根弯曲的树枝上爬行的时候，它看不见树枝是弯的。我碰巧看出了那甲虫所没有看出的事情。"

谦虚不仅是成功的要素，谦逊与内心的平静也是紧密相连的。内心的平静是做人的一种高度的智慧。我们越不在众人面前显示自己，就越容易获得内心的宁静。这样，就容易引起别人的认同，得到别人的支持。

显示自己是一个危险的、十分可怕的陷阱，而且，这个陷阱是我们自己亲手挖掘的。它会使你把大量精力放在显示成果、自吹自擂，或试图让他人信服你的个人价值方面。而夸夸其谈、自吹自擂通常会使你骄傲自满，把荣誉当作自我欣赏的装饰品，冲淡你的成就或在你引以为豪的东西上的肯定错误的感觉。

其实，自高自大、自傲也是缺乏智慧的一种表现。一个人稍稍有一点小小的成就，于是耳朵就不灵光了，眼睛也花了，路也不会走了。因为他开始自我膨胀、发烧了，自以为写了两篇文章就成了作家，演了两部电影就成了电影明星，唱了两首歌就成了歌星……

一个人的成就再伟大，也只是相对于个人而言；在我们所生存的这个宇宙之中，没有什么不是渺小的。如果你在某一方面取得了一定的成绩，你不应该过于看重它，因为它已成为你的历史。不要留恋你的影子，哪怕它很辉煌，它毕竟只是虚无缥缈的影子而已。要知道，当你望着你的影子依依不舍的时候，你正好背离着照亮你的太阳。

或许，你自鸣得意的事，正好是受人奚落的短处。就好像口袋里装着一瓶麝香的人，不会到十字街头去叫嚷，让所有的人都知道自己口袋里的东西，因为他身后飘出的香味已说明了一切。

有一位朋友对谦逊曾经有过深刻的体验。在被提职后的几天里，他与朋友聚了一次。朋友们都不知他提升了的消息，他很想把这个好消息告诉大家。而且，他与另一个朋友都是被提升的候选人。同为候选人，他和这个朋友之间当然有些竞争，现在的结果是他得到了提升，所以他极想向大家宣称自己被提升而那位朋友没有。可话到嘴边，他隐隐觉得有个声音在说："不，千万别说！"于是他只淡淡地笑了一下，只告诉大家自己被提职，没有提及另一个朋友未被提升之事。因为他明白，这事不用说大家也知道，说出来反而影响自己的形象，伤害朋友的感情，自己在心里庆祝一下又何妨呢？

真正有雄心壮志的人是决不会滥用优点和荣誉的，他不会等待着去享受荣誉，他会继续努力去做那些需要去做的事。正如俄国科学家巴甫洛夫所谆谆告诫的，"决不要陷于骄傲。因为一骄傲，你们就会在应该同意的场合固执起来；因为一骄傲，你们就会拒绝别人的忠告和友谊的帮助；因为一骄傲，你们就会丧失客观的准绳"。

况且，让事情更糟的是，你在得意时越夸耀自己，别人越回避你，越在背后谈论你的自夸，甚至可能因此而怨恨你。同时，骄傲的人必然妒忌，喜欢见那些依附他的人或谄媚他的人，对于那以德性受人称赞的人会心怀嫉恨，结果，他就会失去内心的宁静，以至于由一个愚人变成一个狂人。

然而，具有讽刺意味的是，与此情况刚好相反，你越少刻意寻求赞同，越少刻意炫耀自己，你越会获得更多的赞同和欣赏。要知道，在日常生活中，人们更留心那些内向、自信，不随时随地表现自己的正确与成绩的人。大部分人都喜欢那些不自夸的、谦逊的人，这种人总把自己藏在内心，而不是表现为自我主义。

当然，真正学会谦逊是需要实践的。这是件很美好的事，因为你在平静轻松的感觉中会立即获得内心的充实。如果你的确有机会自夸，那么，尝试着去尽力抑制住这一欲望吧，那将使你受益无穷。

4. 不要让你的光芒抢了别人风头

在与人打交道时，尤其是与职位比你高的人来往时要记住，不要让你的光芒抢了他们的风头。否则你会得罪自己的上司，堵了自己的后路。

对于许多聪明人来说，人生的最大害处不在外部，而在自己。一旦做出一番成就，就难免要居功自傲，而这样做的下场往往比无所作为的人更惨。所以，一个智慧的人，应该知道居功之害。

因此，古人很注意，不论任何好事，都要守住自己的本分，知退让之机，绝对不可以功高盖主，否则轻则招致他人怨恨，重则惹来杀身之祸。自古以来，只有那些与人分享荣誉甚至是把荣誉让给别人的人，才会有一个好的结局。事实证明，只有像张良那样功成身退，善于明哲保身的人才能防患于未然。同样，对那些可能玷污行为和名誉的事，不应该全部推诿给别人，应主动承担一些过错，引咎自责。具备这样涵养德行的人才算是完善而清高的人。

战国末年秦王准备吞并楚国时，秦王政没有采纳老将王翦"破楚非六十万大军不成"的意见，起用作战英勇的青年将领李信，率二十万大军攻打楚国，结果被楚军连破两阵。李信率残部狼狈逃回秦国。

秦王毕竟是一代枭雄，他后悔当初自己轻率，随即下令备车驾，亲自去见王翦，恭恭敬敬地向王翦赔罪，说："上次是寡人错了，没听王将军的话，轻信李信，误了国家大事，为了一统天下的大业，务必请王将军抱病出马，出任灭楚大军的统帅。"

王翦冷静地说："我身受大王的大恩，理应誓死相报，大王若要我带兵灭楚，那我仍然需要六十万军队。少于此数，我们的胜算就很小了。"

秦王当即同意。随后征集六十万大军交给王翦指挥。

出兵之日，秦王政率文武百官到灞上为王翦摆酒送行。饮了饯行酒后，王翦向秦王政辞行，并惶恐地说："臣有一请求，请大王恩赐些良田、美宅与园林给臣下。"

秦王听了，有些好笑，说："王将军是寡人的肱股之臣，目下国家对将军依赖甚重，寡人富有四海，将军还担心贫穷吗？"

王翦分辩说："大王废除三代的裂土分封制度，臣等身为大王的将领，功劳再大，也不能封侯，所指望的只有大王的赏赐了。臣下已年老，不得不为子孙着想，所以希望大王能恩赐一些，作为子孙日后衣食的保障。"秦王哈哈大笑，满口答应："好说，好说，这是件很容易的事，王将军就为此出征吧。"

自大军出发至抵秦国东部边境为止，王翦先后派回五批使者，向秦王要求：多多赏赐些良田给他的儿孙后辈。

王翦的部将们都不理解，王翦对他们说："我这样做是为了解除我们的后顾之忧。大王生性多疑，为了灭楚，他不得不把秦国全部的精锐部队都交给我，但他并没有对我深信不疑。所以，我不断向他要求赏赐，让他觉得，我绝无政治野心。因为一个贪求财物、一心想为子孙积聚良田美宅的人，是不会想到要去谋反叛乱的。"

王翦自损其名，伸手向秦王要求赏赐，使秦王更加深信他不会造反，从而全力支持他对楚作战，使王翦无后顾之忧、一举灭楚。事实上，上司为了保持自己的位置，可能不会警惕身边他眼中的蠢人，但是一定会处处提防聪明的下属，害怕"日防夜防，家贼难防"。而且他一般会认为聪明的下属容易成为"家贼"，因为只有有能力的人才有成"贼"的可能。你一旦成为上司潜意识里的"贼"，那么你以后的发展也就多了一个强大的掣肘了。正所谓：功高震主者危，行高举独者谤，自古已然。所以功高之日，一定要忍住自己对美名的贪恋，想办法自损自贬，才能远避祸害。

5. "会哭的孩子有奶吃"

生活中求人办事，总不可能一帆风顺，要有点"眼泪"的功夫。俗话说，伸手不打笑脸人。打"哭成一个泪人"的恳求者更是很少人会做。当然，"眼泪战术"并不一定局限于哭鼻子，凡装成一副可怜样的办法，都属于一种技巧。

通过打动恻隐之心赢得他人帮助，不愧是办事的一种好方法。而要打动他人的恻隐之心，并不是一件容易的事。当你无计可施时，不妨使用眼泪战术，这其实是打动他人恻隐之心的最好方法。

拿破仑的妻子约瑟芬一向水性杨花，生活放荡。当拿破仑在意大利和埃及战场浴血奋战时，新婚不久的她却与一个叫夏尔的中尉偷情，对拿破仑毫无忠贞可言。她原以为拿破仑会战死在沙场中，已经不再等待他回来，而要像没有拿破仑一样安排后事。

1799年10月，拿破仑从埃及回到法国并受到人们热烈欢迎的消息传到巴黎后，约瑟芬惊呆了。拿破仑成了欧洲最知名的人物，法国的救星，前程无量。她欺骗了拿破仑，并想抛弃他，这时又后悔了。于是她不辞辛苦，坐着马车，长途跋涉，去法国南部的里昂迎接拿破仑。她想在拿破仑与家人见面前见到他，并趁着他的兴奋蒙骗住他，不使自己的丑事暴露。

她好不容易到达里昂，可是拿破仑已从另一条路走了，并与家人会合。拿破仑对妻子的不贞早有耳闻，只是不怎么相信。当确信约瑟芬对他不忠时，他暴跳如雷，下定决心与其离婚。

约瑟芬知道大事不好，日夜兼程赶回巴黎。拿破仑吩咐仆人不让她走进家门。她勉强进了门，决定壮着胆子去见丈夫。她来到拿破仑的卧室门前，轻轻敲门，没有回答。转动门把，无济于事。她再次敲门，并温柔而哀婉地呼唤，拿破仑没有理睬。她失声大哭，短促呻吟，拿破仑无动于衷。她哭着，用双手捶打着门，请求他原谅，承认自己因一时的轻率、幼稚而犯下了错误，并提起他们以前的海誓山盟……如果他不能宽恕，她就只有一死。拿破仑无动于衷。

约瑟芬哭到深夜，不再哭了。她忽然想起孩子们，眼睛一亮，燃起了希望之光。她知道，拿破仑爱她的两个孩子奥当丝和欧仁，尤其喜欢欧仁，这是打动拿破仑心肠的好办法。倘若孩子们求他，他可能会改变主意的。

孩子们来了，天真而笨拙地哀求着。

俗话说："人心都是肉长的。"约瑟芬这一招终于成功。拿破仑虽然怀疑约瑟芬已背叛了他，然而她的哭声在他的脑海里泛起他们相爱时的美好回忆。奥当丝和欧仁的哀求声冲破他心中最后的防线，他已热泪盈眶。于是，房门打开了，拿破仑与约瑟芬重归于好了。后来拿破仑登基时，约瑟芬成了皇后，荣耀之至。

不仅仅是女人的眼泪有用，男人的眼泪有时比女人的更有用。这是因为一般人都相信"男儿有泪不轻弹"。男人一旦哭起鼻子来，那一定会使在场的人丢盔弃甲而逃。

某公司曾经用了一年时间来解雇一位高大魁梧的领班。想要解雇一位努力工作的人并不是说句"你被解雇了"那么简单。

具体经过是这样的：在过去的12个月当中，人事室经理与这位领班会晤了4次。而每次都在尚未进入主题时，领班就已经泣不成声了。也许他有演戏的天分，或是对这位人事经理已达到了绝佳的效果。每次经理都对公司说道："如果必须开除他，你们自己去说吧，我办不到。"就这样，领班一直在那家公司做下去。

下面让我们再看一些别的例子。

日本国会有一次在讨论政治伦理问题时，中曾根首相为了征询田中角荣的意见而和他会晤。在谈话中，田中感叹地说，"我听孙子说，在学校同学们都讥笑他，所以不想上学了。我心想很难过，爷爷的错误竟要孙子来承担。"说罢，已是泪流满面。

中曾根首相看了，不禁也热泪盈眶，并立刻告诉田中："我们必须在政治与伦理间订立规范。"

旁观者一般都认为，中曾根首相被田中的眼泪蒙骗了。其实一般的人都是感情型动物，只要你能博得同情，你的目的就可达到。

有一件同样发生在日本的事。一次国会议员选举中，有一位田中派的候选人，由于田中形象的阴影使他处于不利的形势，但结果却被选了。他就是采取"我被沉重的田中事件的十字架压得透不过气来"等低姿态，以流泪的神情来争取民众的同情。他的夫人也立于街头，向来往的行人哭诉，因此获得了多数民众的同情票。

获得同情心不是非采用眼泪战术不可，但流眼泪是最好的方法之一。

用眼泪去泡，不仅要能泡，还要会泡。换言之，泡不是消极地耗时间，也不是硬和人家要无赖，而是要善于采取积极的行动影响对方、感化对方，促使事态向好的方向转变。

生活中有些人脸皮太薄，自尊心太强，经不住人家首次拒绝的打击。只要前进一受阻，他们就感到羞辱气恼，要么与人争吵闹崩，要么拂袖而去，再不回

下辑 舍得的艺术

头。看起来这种人很有几分"骨气"，其实这是过分脆弱的自尊，只顾面子而不想千方百计达到目的，于事业无益。

我们在求人时，既要有自尊，又不要过分自尊。为了达到交际目的，有时脸皮不妨厚一点，碰个钉子，脸不红心不跳，不气不恼，照样微笑与人周旋。只要还有一丝希望就要全力争取，不达目的绝不罢休。

6. 放下自己的面子，给足别人面子

人都是有脸面的，但太顾及脸面，很多时候只能是让自己有苦说不出。"死要面子活受罪"，正是对此种心态的极佳写照。在我们生活中有许多这样的人，他们不懂得如何拒绝别人，放不下自己的面子，"打肿脸充胖子"，本来是自己能力之外的事情也一味逞强，生怕被人瞧不起。说到底还是虚荣心在作怪。

古往今来，有很多会办事的人是敢于放下自己的面子的。如"多多益善"的汉代名将韩信，为成功不怕受"胯下之辱"，匍匐下身子从人家裤裆下钻过去，面子大失；再如"卧薪尝胆"的越王勾践，为表"耿耿忠心"竟然跪在地上亲口尝吴王的大便，脸面和体面丢弃得一点儿不剩！但是，没有韩信的胯下辱，也不会有他后来的"多多益善"；勾践也因为敢丢面子，才有了他的10年"卧薪尝胆"大败吴王。古人的经验值得注意，不要面子、不怕丢面子也是一种韬略，是成功的一个因素。就是说，必要的时候面子是可以丢掉的。

古时候，有位叫郭解的大侠很会给人面子。有一次，洛阳某人因与人结怨而心烦，多次央求地方上有名气有名望的人士出来调和。对方就是不给面子，后来他找到郭解门下，请他来化解这段恩怨。

郭解接受了这个请求，亲自上门拜访这位委托人的对手，做了大量的说服工作，好不容易使得这人同意了和解。照常理，郭解此次不负众托，完成了这一化解恩怨的任务，给足了面子，可以走人了吧。可他还有更高一着的棋，有更巧妙的处理方法。

一切讲清楚后，他对那人说："这个事，听说过去当地有很多有名望的人出面调解过，但因不能得到双方的认可而没能达成协议。这次我很幸运，你也很给我面子，让我来了结这件事。我在感谢你的同时，也为自己担心。我毕竟是个外乡人，在本地人出面都不能解决问题的情况下，由我这个外地人完成了和解，未免会使本地的那些有名望的人感到丢面子。"

郭解进一步说："这件事这么办，请你再帮我一次，从表面上让人以为我出面也解决不了问题。等我明天离开了此地，本地的几位绅士、侠客还会上门，你把面子给他们，算作他们完成此一美举吧。拜托了。"

人都是爱面子的，你给他一个面子，就相当于给了他一份厚礼。山不转水转，说不定哪天你需要他帮助，他自然也会"给你面子"。即使他感到很为难或不乐意。人们总是尽其权利来保护脸面。你我也一样，为了面子问题，常常会做出常理以外的事情。

在日常的人际交往中，请记住在表现自我的时候，要有谦谦君子的心态，学会安抚他人的心灵。也就是说，不可以使对方产生相形见绌的感觉，要给别人一个台阶下。

曾听过这样的一个故事：

说有两位要好的女友，甲比较靓丽，而乙长相平平。她们一起去参加舞会，舞场上的许多男士频频与甲共舞，却在不知不觉中冷落了乙。甲意识到不妥，于是托词身体不舒服，奉劝朋友们邀请乙。乙被男士们卷入了舞池，乙的快乐是不言而喻的。

甲以友情为重，不想女友被忽视，于是机智地采取一种平衡手段，给乙找了一个漂亮的台阶，使乙的心灵得到抚慰，这必定会使她们的友谊更加深一层。

英格丽·褒曼在获得了两届奥斯卡最佳女主角奖后，又因为《东方快车谋杀案》中的精湛演技获得最佳女配角奖。然而，在她领奖时，她一再称赞与她角逐最佳女配角的另一位女影星，认为真正获奖的应该是这位落选者，并由衷地说："原谅我，我事先并没有打算获奖。"

褒曼作为获奖者，在台上没有喋喋不休地叙述自己的成就与辉煌，而是对自己的对手推崇备至，极力维护了对手落选的面子。无论谁是这位对手，都会十分感激褒曼，会认定她是倾心的朋友。一个人能在获得荣誉的时刻，如此善待竞争的对手，如此与伙伴贴心，实在是一种典雅的风度。

如果你的一位同事想把本应由他自己完成的工作转嫁到你的肩上，你千万要避免出自本能的拒绝："哎呀，您的事我可干不来。"这样会使对方很没有面

下辑｜舍得的艺术

子。为了慎重起见，你不妨聪明一点，这样对他说："我非常愿意帮您的忙，但事不凑巧，我手头的那份工作还没干完。以你的能力和素质完全可以胜任，不妨您先干起来，或许我还能帮您干点别的什么。譬如说，今天我要上街买东西，您不顺便带点什么吗？"这种具有其他建议的拒绝，合情又合理。在不伤害彼此关系的情况下，又找了一个合适的台阶不至于使对方难堪，对方还能有什么好说的呢！但是若伤了人的面子，使对方下不了台，受害的最终是自己。

据历史记载，隋炀帝很有文采，但他最忌讳别人的文采比自己强。有些臣子因为犯忌，惨遭杀害。有一次，隋炀帝写了一首《燕歌行》诗，命令"文士皆和"，也就是仿照他诗的题材和一首。多数臣子皆较明智，不敢逞能，抱着应付态度，唯独著作郎王胄却不知趣，不肯屈居隋炀帝之下。后来隋炀帝便找了一个借口将王胄杀害，并念着王胄的"庭草无人随意绿"的诗句，问王胄曰："复能作此语耶？"意思是，你还能作出这样的诗句来吗？

争强好胜，使对方下不来台，常常不会有好结果。对于明智的人来说，即使自己会做得很好，也绝不逞一时之强，做使他人面子难堪的蠢事。

每个人都有自尊心，每个人都有好胜心，你想联络感情，就必须处处重视对方的自尊心，也就是说，给人面子是联络感情的最好方法。在人际关系相处的过程中，有时候给别人一个漂亮的台阶，不仅解决了问题，还会赢得更好的人际关系。你的一言一行都要为对方的感受着想，学会安抚对方的心灵，不可以使对方产生相形见绌的感觉。与此同时，自己的心灵也会因此欣慰，而有一个极好的心情。

经典小测试：你的城府有多深

测试时间：6分钟

测试情景

周末天高气爽，为了放松心情，你就和朋友到郊外去游玩。到了郊外，看到草地的另一边的大森林里传来清脆的鸟叫声，于是你和朋友在鸟叫声的诱惑下，走进了森林之中。走着走着，你发现了森林中有一栋建筑物，你会觉得这是一栋什么样的建筑物？

测试问答

A.小木屋

B.宫殿

C.城堡

D.平房住家

测试解析

A：基本完美的人。

选择小木屋的人是一个能忍别人所不能忍的人。宽大的心胸，使你对任何的事物都抱着以和为贵的态度，基本上你就是一个完美的人。

B：思路细致的人。

选择宫殿的人对于身边的事物都能有良好的安排，凡事都在你的掌握之中，虽说不上城府极深，但对于复杂的人际关系却能处理得很好。

C：厉害的人际高手。

选择城堡的人可说是最厉害的人际高手，你比选宫殿的人对事物的观察更敏锐，更能看透人心，在这方面别人总是望尘莫及，而你也一直以此特性自豪，乐此不疲。

D：胸无大志的人。

选择平房住的人是一个生平无大志的人，也没有什么欲望，虽然对周围的感应能力并不差，但你凡事仅抱着一个平常心，所以也就不跟别人斤斤计较。这种人的最大的好处就是平凡，没有烦恼和压力。

测试点拨

城府深浅标志着一个人素质修养的高低，也表明一个人的谋略、思想。但是在对待朋友上，没有必要显示自己谋略、思想；否则，朋友会觉得你不够真诚和坦率。在朋友面前，应该展示自己最真诚的一面。

下辑　舍得的艺术

第二章　屈得了才能伸得直——舍得气

　　人，贵在能屈能伸，伸很容易，屈就难了，这需要非凡的忍耐力。一张笑脸，一句诚恳的道歉，很多时候就能化干戈为玉帛，冰释前嫌。没有爬不过去的山，也没有蹚不过去的河。忍一时的委屈，可以保全大家的宁静、和谐，并不损失什么，反而还会赢得一个更为宽阔的心灵空间，何乐而不为呢？

1. 忍是医治磨难的良方

　　中国有句古话："忍一时，风平浪静；退一步，海阔天空。"意思是让我们在某些特殊情况下，不要一味使用莽劲去碰壁，即应该分析局势，作出某些以退为进的决策。

　　"忍"是众多有志之士的人生哲学。古语有"男子汉大丈夫，能伸能屈，能刚能柔，识时务者为俊杰也"。一个人如果千苦可吃，万难可赴，能忍住岁月的考验，那么即使不是英雄也会忍成英雄的。

　　韩信能够忍胯下之辱，最后成为诸侯。但是，能够以忍求生、图谋大业的人还应该算是越王勾践。

　　他自己非常明白，目前的情况只有忍辱，才有可能日后东山再起；如果不忍，不要说东山再起，恐怕连命都保不住。

　　勾践做越王的时候，吴王阖闾来攻，勾践打败了阖闾，吴王夫差继位。为了替父报仇，他丝毫没有懈怠，经过两年的准备，吴王以伍子胥为大将，伯嚭为副将，倾国内全部精兵，打败越国。勾践走投无路，后来走伯嚭的门路达成了议和。

议和的条件是，勾践和他的妻子到吴国来做奴仆，随行的还有大夫范蠡。吴王夫差让勾践夫妇到自己的父亲吴王阖闾的坟旁，为自己养马。那是一座破烂的石屋，冬天如冰窟，夏天似蒸笼。勾践夫妇和大夫范蠡一直在那里生活了3年。除了每天一身土、两手粪以外，夫差出门坐车时，勾践还得在前面为他拉马。每当从人群中走过的时候，就会有人喊喊喳喳地讥笑："看，那个牵马的就是越国国王！"

勾践由一国之君变成奴仆，忍了；到为人养马备受奴役，忍了。勾践最能够忍的一点就是尝吴王的粪便。吴王病了，勾践为表忠心，在伯嚭的引导下，去探视吴王，正赶上吴王大便。待吴王出恭后，勾践尝了尝吴王的粪便后，便恭喜吴王，说他的病不久将会痊愈。这件事在吴王放留勾践的态度上起了决定性作用。或许是勾践真的懂得医道，察言观色能看出吴王的病快好了；或许是勾践有意恭维吴王；或许是上天垂青勾践。总之，吴王的病真的好了。勾践此时已彻底取得了吴王的信任，吴王见勾践真的顺从自己，就把他放了。

勾践在这件事上所表现出来的忍辱的确是一般人做不到的。我们不排除勾践是想尽一切办法回国，就其这种行为的确让人自叹不如。纵观这一时期勾践的忍，是极其恭顺的忍。而他之所以会强忍着这所有的一切屈辱，为的就是日后的崛起。勾践的高明之处就在这里，面对一切屈辱，从容自若。因为他自己非常明白，目前的情况只有忍辱，才有可能日后东山再起；如果不忍，不要说东山再起，恐怕连命都保不住。这似乎与中国传统的大英雄，大丈夫有些相背离。"宁为玉碎，不为瓦全""大丈夫誓可杀不可辱"这些都是那些宁死不屈、誓死不降的英雄们的赞语。这些固然让人赞叹，但中国还有一句教人处世的俗语是："留得青山在，不怕没柴烧。"那位顶天立地的西楚王就给我们留下了很多的深思。乌江岸边，乌江亭长热情地招呼他："江东虽小，足可够大王称王称霸，日后也能干一番大事业。"而项羽是个宁折不弯的汉子，哪肯过江呢？自刎身亡。也许项羽过江后楚汉相争会是另一番结果，也许他能一统天下。虽然这些都是也许，我们也不能否认项羽是个顶天立地的英雄，可有些时候也的确需要这些英雄人物忍一忍，然后设法再重新崛起。

坚韧不拔、忍辱负重，其结果是为了达到某种目的。勾践坚韧能忍是为了灭吴兴越，忍到一定程度总有爆发的一天。如果一味地忍下去，则是性格懦弱的表现。勾践终于忍到该向吴国发难的时候了。结果正如勾践所愿，一战便把吴军杀得大败。这次卑躬屈膝的不再是越王勾践了，而是吴王夫差。夫差也想像当年勾践向自己称臣为奴一样，打算投降勾践。勾践很可怜夫差，想答应夫差的请求，但被范蠡劝住了。最终吴国灭亡了，吴王夫差自杀身亡。当时中原的几个大诸侯国，都处于低潮，不少小国投降了勾践，于是勾践俨然成了最后一代春秋霸主。勾践终于一吐胸中二十多年的压抑。坚韧不屈的性格、忍辱负重的精神，造就了春秋末代霸主。

在一个强手如林的世界里，忍是一种韧性的战斗，是一种糊涂的做人策略，是战胜人生危难和险恶的有力武器。凡能忍者，必定志向远大。凡志向远大者，必定能够识大体、顾大局。而忍就是识大体、顾大局的表现。纵观历史，能成非常之事的人都懂得忍的意义。

而在生活中，忍是医治磨难的良方。因为生活中的琐碎小事太多，一不小心就会招惹是非。所以，糊涂学提倡忍一时风平浪静，让三分海阔天空。因为，忍一时之疑，一方面是脱离被动的局面，同时也是对意志、毅力的磨炼，为日后的发愤图强、励精图治、事业有成奠定了正常情况下所不能获得的基础。遇事三思而后行，把忍放在心头才是上策。

2. 忍让有度，不走极端

忍是一种痛苦，是一种考验，是从幼稚到成熟的转变，是人格和品行的至高境界。忍是一种理智，是感悟人生的一种智慧，是经历挫折后的一种持重。

古人作过一首"百忍歌"，虽不尽可取，但今天读来也有教益。文中写道："能忍贫亦乐，能忍寿亦永，不忍小事变大事，不忍善事终成恨"；"忍得淡泊可养神，忍得饥饿可立品，忍得勤劳可余积，忍得语言免是非"。然而，在现实生活中，人们的忍耐精神是很不够的，有的人一点小事就大动干戈；有的因几棵白菜大打出手，能送掉几条性命。其实都是一些小事，闹得不可开交……要如何练好这个"忍"字，看来也是我们现代人不可忽略的一个课题。

现实生活中有许多矛盾，好多都是鸡毛蒜皮的一些小事，只要忍一忍也就化解了。但要做到这一步非常不容易。

"忍"字心上一把刀，这个活生生的形象字就摆在我们面前。它告诉我们："忍"必须有巨大的克制力！

　　从古到今，中华民族有"忍"的美好故事。蔺相如让廉颇，忍得廉颇放弃傲慢，求得将相的团结，"将相和"的故事流传万年；韩信忍得胯下之辱，成就了汉王朝的大业。

　　一个人如果能达到忍的至高境界，那么他面对挫折就能坦然，面对嘲讽，就能凛然，面对名利，就能淡然。

　　要练最高境界，需要锻炼，需要磨炼。我们要从日常小事做起，一点一滴去养成，由小到大，由浅到深，由不习惯到习惯，让自己成为一个有修养有涵养的人。

　　从前，在古印度南部，有个侨萨罗王国。国中出了五百个强盗，占山扎寨，拦路抢劫，打家劫舍，杀人放火，无恶不作。商客游人和地方百姓深受其害。地方官员多次用兵，终不获胜，只好报知国王。国王派精兵良将前来征剿。经过激烈的战斗，五百名强盗战败全部当了俘虏。

　　国王决定，对人们恨之入骨的五百强盗处以酷刑。这天，刑场戒备森严、杀气腾腾。兵士手持尖刀将赤身裸体、披头散发、捆在刑柱上的强盗双眼全部挖掉，有的还割掉鼻子、耳朵，然后放逐到荒无人迹的深山老林中。这座山谷林木葱茏，狼嗥虎啸，阴森恐惧，衣食无着。强盗们悲愤欲绝，撕心裂肺地绝望地号叫着。

　　凄惨的呼叫声传遍四野，也传进了释迦牟尼佛的耳朵。他知道这是五百强盗在生死线上挣扎呼救，便用神力送来了香山妙药，吹进了五百强盗的眼眶。霎时，个个双眼重见光明。释迦牟尼亲临山谷，给五百强盗讲经说法："正是你们以前作恶多端，才有今天的苦难。只要洗心革面，弃恶从善，皈依佛门，就能赎清罪孽，修成正果，脱离苦海，进入极乐世界。"众强盗听了佛的教诲，俯首悔过，口称尊师，成了佛门弟子。从此，山谷中的森林被称作"得眼林"。很多年后，当年的五百强盗终于修成正果，成为五百罗汉。

　　忍让宽容是中国人民的传统美德。古人有"得饶人处且饶人""退一步海阔天空"等等箴言。连佛祖尚且宽容了五百强盗，更何况我们这等凡人呢？

　　在人与人的日常交往中，宽容忍让是一种可取的人生态度。正是这种精神，使我们家庭关系稳定、人际关系和谐。我们与家人、朋友、同事，甚至路人在不同的场合交往接触，总免不了有意见相左、磕磕碰碰的时候，只要不是原则性的问题，各自主动退让，宽以待人，少计较得失，有利于减少矛盾，维护人际间的和谐，于人于己，都是有益身心的事情。尤其在现代社会，人们出现过于计较个人功利的倾向，这种宽容忍让的精神更是应当加以提倡。

但是，什么事情都不能有极端，宽容忍让也要有度。

一条大蛇危害人间，伤了不少人畜，以致农夫不敢下田耕地，商贾无法外出做买卖，大人无法放心让孩子上学，到最后，每个人都不敢外出了。

大家无奈之余，便到寺庙的住持那儿求救。大伙儿听说这位住持是位高僧，讲道时连顽石都会被点化，无论多凶残的野兽都会被驯服。

不久之后，大师就以自己的修为驯服并教化了这条蛇，不但教它不可随意伤人，还点化了许多做人处世的道理，而蛇也仿佛有了灵性一般。

人们慢慢发现这条蛇完全变了，甚至还有些畏怯与懦弱，于是纷纷欺侮它。有人拿竹棍打它，有人拿石头砸它，连一些顽皮的小孩，都敢去逗弄它。

某日，蛇遍体鳞伤，气喘吁吁地爬到住持那儿。"你怎么啦？"住持见到蛇这副德性，不禁大吃一惊。"我……我……我……"大蛇一时间为之语塞。"别急，有话慢慢说！"住持的眼神满是关怀。"你不是一再教导我应该与世无争，和大家和睦相处，不要做出伤害人畜的行为吗？可是你看，人善被人欺，蛇善遭人戏，你的教导真的对吗？""唉！"住持叹了一口气后说道，"我只是要求你不要伤害人畜，并没有不让你吓吓他们啊！""我……"大蛇又为之语塞。

我们提倡忍的精神，要宽以待人、忍辱负重、平和达观，不要在一些枝节问题上斤斤计较。坠入"非此即彼"的极端思想方法；要大事清楚，小事糊涂。但，忍要有度，要忍在刀刃上，不是什么都一味去忍，变成一个麻木、怯懦、奴性十足的人。当坏人作恶，你不能忍；当别人有难请你相助时，你忍不得……忍，如果去掉心，那就失去良心和道德，那你的忍就是残忍，就是罪恶。所以我们要把这个忍字用到适当处。

3. 忍耐是一种美德

忍耐是一种处世的策略，更是一种艺术。忍耐，实际上是让时间，让事实来表白自己，这样做可以摆脱相互之间无原则的纠缠或者不必要的争吵。忍耐因此成为坚持的一个代名词。坚持和忍耐，两者也许就是分不开的。两者具备，我们的生活也会因此多了一笔财富。

古希腊著名哲学家苏格拉底就非常善于忍耐。他的妻子是一个众所周知的悍妇。她性格冥顽不化，心胸褊狭，是一个动辄破口大骂，而且喜欢大打出手的女人。有一次，苏格拉底正与学生们一起在探讨问题。他的妻子忽然闯了进来，对着他就是一阵破口大骂，接着又在他头上浇了一桶冷水。他的学生们本以为苏格拉底要对她怒声斥责。不料苏格拉底只是颇为幽默地说道："我早知道打雷之后总是要下雨的。"

这个故事听来确实很有趣，极具西式的幽默。也许除了苏格拉底之外，无论是谁遇到了这种情形，不大打出手，也会雷霆大怒。苏格拉底毕竟不同于常人，由此可见他超凡的智慧与精湛纯熟的人生修养。他说精于马术的人，总是喜欢烈马的，而把自己的妻子喻做一匹烈马。他选择了这样的妻子，只是为了练习自己的"马术"。我们称之为"忍耐的艺术"。

试想一下，如果在当时，苏格拉底对他的妻子"以彼之道，还至彼身"，那后果会怎样呢？这不但破坏了他与学生们进行学术探讨的良好氛围，会弄得大家尴尬，使人心不快，而且还会变本加厉地激发妻子的怒气——这悍妇不知还能干出些什么来，而且一个睿智的哲学家的完美形象已荡然无存。

在现实生活之中，有多少的口角、争斗与矛盾是失于忍而造成呢？诸如我踩你一脚，你回我一腿，而且出言不逊，接着双方就怒目相对，仿佛是不共戴天的仇敌；或是在排队时争相推抢，一有得失，便恶言恶语，甚至于当众出手……诸如此类的生活琐事，不胜枚举。其实这些小事，只要稍稍忍耐一下，便会烟消云散，天地清明。这道理极为简单。

不过，忍是一种妥协，是一种策略，但并不是屈服和投降。它其实是一种非常务实、通权达变的智慧。

一次，在公共汽车上一个男青年往地上吐了一口痰。售票员看到了，对他说："同志，为了保持车内的清洁卫生，请不要随地吐痰。"

没想到那男青年听后不仅没有道歉，反而破口大骂，说出一些不堪入耳的脏话，然后又狠狠地向地上连吐三口痰。

下辑 舍得的艺术

那位售票员是个年轻的姑娘，此时气得面色涨红，眼泪在眼圈里直转。车上的乘客议论纷纷，有为售票员抱不平的，有帮着那个男青年起哄的，也有挤过来看热闹的。大家都关心事态如何发展，有人悄悄说快告诉司机把车开到公安局去，免得一会儿在车上打起来。没想到那位女售票员定了定神，平静地看了看那位青年，对大伙说："没什么事，请大家回座位坐好，以免摔倒。"一面说，一面从衣袋里拿出手纸，弯腰将地上的痰迹擦掉，扔到了垃圾箱里，然后若无其事的继续卖票。

看到这个举动，大家愣住了。车上鸦雀无声。那位男青年的脸上不自然起来，车到站没有停稳，就急忙跳下车，刚走了两步，又跑了回来，对售票员喊了一声："大姐！我服你了。"车上的人都笑了，七嘴八舌地夸奖这位售票员不简单，真能忍，虽然骂不还口，却将那个浑小子制服了。

这位女售票员面对辱骂，如果忍不住与那位男青年争辩，只能扩大事态；与之对骂，又损害了自己的形象；默不作声，又显得太懦弱了。她请大家回座位坐好，既对大伙儿表示了关心，又淡化了眼前这件事，缓解了紧张的空气；她弯腰若无其事地将痰迹擦掉，此时无声胜有声，比任何语言表达的道理都有说服力，不仅教育了那位男青年，也感动了大家。

在生活中，我们也难免会碰到一些蛮不讲理的人，甚至是心存恶意的人，有时还会无缘无故地遭到这种人的欺侮和辱骂。每当遇到这样的事，常让人觉得忍无可忍。可是，不忍就会正好成了对方的出气筒，也给自己带来不必要的麻烦。

在一定意义上，可以说忍耐是一种美德。它既能体现一个人的宽容大度，也能表现一个人的识时务。我国古代有一首《六忍歌》就是歌颂忍耐精神的，"富有能忍保家，贫者能忍免辱，父子能忍慈孝，兄弟能忍意笃，朋友能忍情长，夫妇能忍和睦"。为了事业，为了家庭，为了美好的人生，我们需要忍耐，应该学会忍耐。

4. 退却是为了更好地前进

有一首诗形容农夫插秧："手把青秧插满田，低头便见水中天；身心清净方为道，退步原来是向前。"有的人为了功名富贵，总是不顾一切地向前争取。有的时候前面是险坑，跌下去会粉身碎骨；有的时候前面是一道墙，撞上去会鼻青脸肿。如果这时候懂得以退为进，转个弯、绕个路，世界还是一样会有其他更宽广的空间，这正是古人所说的"退一步，海阔天空"。

凡事退一步，生命不退步。"处世让一步为高，退步即进步的根本。"凡事均有长有短、有阴有阳、有圆有缺、有利有弊、有胜有败，更何况是千变万化的人生！成功通常属于最有耐心、耐力、耐烦者。

所谓"忍得过，看得破；提得起，放得下"。凡事"静观皆自得"，忍得一时之气，海阔天空。既是海阔天空，就能从从容容，那么，又有什么事可以困得住自己呢？

退步，原来是向前。有时候，只是放弃一些意气之争，即使争赢了又如何呢？

退一步，并非表明自己的软弱，而是更多的包容、谅解与理解。

经商的人，希望日进斗金；读书的人，希望每日进步；有的人一遇到利益，总想得寸进尺。其实，做人处事应该要以退为进！

因此，一个人在世界上要想学会做人处事，必须要能谦恭礼让，一个人要想成功立业，必须要懂得以退为进。引擎利用后退的力量，反而引发更大的动能；空气越经压缩，反而更具爆破的威力；军人作战，有时候要迂回绕道，转弯前进，才能胜利。很多时候，我们要想成就一件事情，必须低头匍匐前进，才能成功。

一位留美的计算机博士，毕业后在美国找工作，结果好多家公司都不录用他，思前想后，他决定收起所有证明，以一种"最低身份"去求职。

不久，他被一家公司录用为程序输入员，这对他说简直是"高射炮打蚊子"，但他仍干得一丝不苟。不久，老板发现他能看出程序中的错误，非一般的程序输入员可比，这时他亮出学士证，老板给他换了个与大学毕业生对口的专业。

过了一段时间，老板发现他时常能提出许多独到的有价值的建议，远比一般的大学生要高明。这时，他又亮出了硕士证，于是老板又提升了他。再过一段时间，老板觉得他还是与别人不一样，就对他"质询"，此时他才拿出博士证。老板对他的水平有了全面认识，毫不犹豫地重用了他。以退为进，由低到高，这是自我表现的一种艺术。

常言道，"回头是岸"，就是以退为进的意义。古来的先贤圣杰，从官场利禄之中退居后方，是为了再待机缘；有些能人异士隐居山林，是为了等待圣明仁君。有的人非常重视"韬光养晦"，有的人等待"应世机缘"。有德饱学之士都懂得"进步哪有退步高"的道理。

春秋时候，楚王的三子季札，因为贤能，父王要传位于他，而他谦让说，上有长兄，应该由长兄继位。长兄去世以后，因其贤能，国中大臣又再举荐他为王，他说还有次兄。次兄去世以后，全国人民又一致推举，希望他能出来领导全国。他说"父死子继"，应该由故世的先王之子继任王位，故而仍然退而不就，所以后来在历史上留下贤能之名。可见，退让不是没有未来，退让之后往往在另一方面更有所得。

三国时代，刘玄德知道太子刘禅无能，要诸葛孔明取而代之。诸葛亮谦让，在历史上留下忠臣之名。周公辅佐成王，虽是长辈，一直以臣下自居，所以能成周公的圣名美誉。此皆证明，退让不是牺牲。所谓"失之东隅，收之桑榆"，有时以退为进，更能成功。

以退为进，是人生处世的最高境界。人生追求的是圆满自在，如果只知前进不懂后退，那么他的世界就只有一半。而懂得"以退为进"的哲理，可以将我们的人生提升到拥有全面的世界。"以退为进"，何乐而不为呢？

时任齐国相国的邹忌，曾多次讽谏齐威王。邹忌身高八尺，相貌堂堂，却心胸狭窄，私心极重。齐对魏两次大战之前，他都坚决反对出兵。待田忌、孙膑凯旋之时，他心中的醋意可想而知。

随着孙膑、田忌威望的提高，邹忌担心自己的相位不稳，因此欲除掉田忌、孙膑而后快。

可能因为孙膑是个残疾人，同邹忌争夺相位的可能性不大，所以邹忌将目标首先对准了风头甚劲的田忌。

马陵之战结束不久，邹忌便找来亲信谋划如何除掉田忌。其亲信公孙阅出了个主意："公何不令人操十金卜于市，曰：'我田忌之人也，吾三战而三胜，声威天下，欲为大事，亦吉乎不吉乎？'卜者出，因令人捕为之卜者，验其辞于王之所。"

邹忌闻计大喜，便派人到市中找卖卜者算卦，扬言是田忌派他去算的，要算算田忌如果要谋反，是吉还是凶。邹忌则随后派人将此人抓获，送到齐威王那里。

齐威王这时年纪大了，有点老糊涂了。他本来就对田忌手握重兵心有疑惧，听了邹忌的话，遂相信田忌有谋反的意图。而这时田忌正率兵在外，于是齐威王遣使召田忌回临淄，准备等田忌回到临淄后再审问此事。

孙膑此时也在田忌军中。他对齐国的政局及邹忌、田忌之间的矛盾洞若观火，见齐威王无缘无故忽然派人来召田忌回临淄，感觉齐威王一定是听信了邹忌的谗言，认为田忌如果回到临淄，将凶多吉少。

田忌在孙膑最艰难的时候曾助其一臂之力，而且长期以来，二人合作得非常好，孙膑实在不忍田忌自投罗网，提醒田忌说，齐王一定听信了邹忌的谗言，千万不要自己贸然回临淄。情急之下，他建议田忌率军回临淄驱逐邹忌，说："若是，则齐君可正，成侯邹忌可走。不然，将军不得入于齐矣。"

孙膑此言，实是要田忌举兵"清君侧"。与其成为邹忌案板上的肉，不如孤注一掷，与邹忌一决高低，这样，倒还可能死中求生、反败为胜。

田忌对孙膑早已佩服得五体投地，对他言听计从。他依孙膑之言，率兵攻打临淄。但邹忌也不是等闲之辈，早已作好了守城准备，田忌攻城不胜，眼见各地勤王之兵大集，只好弃军逃亡到了楚国。而孙膑于田忌攻临淄之时就已不知去向。

孙膑在此时急流勇退更不失为一良策。孙膑以其战略家的头脑，对齐国政坛的错综复杂了如指掌，对邹忌其人也比较了解。他之所以置身齐国政坛十几年，为的就是要报庞涓无端加害之仇。在马陵之战结束后，他的大仇已报，他也就应该为自己找个好的归宿，不可能迷恋政治，更不可能拖着残疾之体跟田忌逃亡楚国。

一个人会做事，不如会做人。做人同做事一样，有时候也是要以退为进的，退是为了更好地前进。

5. 小不忍则乱大谋

小不忍，则乱大谋。可以从两方面来理解，一是要忍耐，凡事要忍耐、包容一点，如果一点儿小事不能容忍，脾气一来，坏了大事。许多大事失败，常常都是由于小地方搞坏的。另一个意思是，做事要有"忍"劲，狠得下来，有决断，

· 133 ·

有时候碰到一件事情，一下子就要决断，坚忍下来，才能成事，否则不当机立断，以后就会非常的麻烦，姑息养奸，也是小不忍。这个"忍"可以作这两方面的解释。

张居正是明朝名相，他在执政的十年中，大胆地从政治、经济、军事各方面进行重大改革，使国家安定，经济发展。

张居正2岁那年就认得"王日"两字，被家人认为是神童。13岁参加乡试时，他年龄最小，却沉着冷静，写了一篇非常漂亮的文章，若非湖广巡抚顾璘爱才，有意让张居正多磨炼几年，他肯定中举。终于，几年的发愤读书之后，张居正考上了进士，开始步入仕途。这一年他才23岁。

张居正被选为庶吉士之后，一面大量读书，一面细心琢磨官场上的门道。他有满腔的政治抱负，但当时皇帝世宗昏庸，奸臣严嵩为非作歹。张居正只得忍耐，与严嵩周旋，一时无法施展自己的才能。这样苦苦熬了十几年，张居正内心十分痛苦。

终于，严嵩在专权15年后倒台了，徐阶成了首辅，张居正也开始得到重用。然而，张居正入阁后又遇上精明强干、头脑敏锐的政治对手高洪。张居正只得再次忍耐，他深深感到，在官场上没有一套本事是无法生存发展的。所以，尽管高洪对他傲慢无礼，他却用谦恭与沉默表示更加激烈的无声对抗。

高洪下台后，张居正资格最老，被诏回当了首辅。

张居正掌权后，立即改变了过去那种谦虚祥和、沉默寡言的态度，变得雷厉风行、有理有节，在全国范围内实行一场改革活动，把国事整理得井井有条，促进了当时社会经济的发展。

忍有两种，一种是思而不发，以忍求安；一种是忍而待发，以忍求变。求人者要特别学会后一种忍，忍是手段，所求是目的。战国七雄的赵武灵王在位时为公元前352年至前299年，当时的赵国国富民强，又因地处中原，常被卷入战争的旋涡。所以，广行富国强兵之策比其他的国家来得更急切。

赵武灵王经过多年的征伐，认为北方游牧民族骑马作战是值得仿效的战术，其机动性大，集散自由，对战场条件适应性很强。

于是他想改变自己军队的作战战术。改革颇费了番周折。首先，当时的中原服装不适合骑马作战，就要改穿游牧民族的胡服。胡服的下身相当于今人普遍穿的裤子。

要穿胡服并不那么简单，服装式样的改变，在中国古代有一场大的改革。

决定一下，预料中的反对势力蜂拥而来，朝中的多数大臣都不支持这项改革，主要理由就是不能出卖自己的祖宗去穿胡服丢丑卖脸，不能改变中国的传统式样。

面对大批的反对势力，赵武灵王采取了极其克制的态度。他不发王者之感，不以王者之尊强行推广，用今天的话来说就是做了大量的思想政治工作。从战争的发展到富国强兵的要略，他反复阐述自己的意见，拿出了最大的忍耐力推行战术。最难对付的是他的亲叔叔，借口生病，不早朝，也不听劝。武灵王知道他病在哪儿，绝口不谈正题，天天如此。他叔叔大为感动，因为彼此都明白对方在做什么。

赵武灵王的"忍功"确实达到了目的，这是一种功利主义目标明确的"忍"。

假如你现在只不过是一个县官，今后的升迁还需看上司的印象而定。如果你的才干一直超过上司，上司的地位就很危险。那时他不但不会赏识你，反而会对你产生偏见。你会随时惹祸上身而又不自知。如何发挥你的济世之志呢？用心与周围的人协调，适应环境，暂时委屈，实在是为了你将来能有大的作为！

"小不忍则乱大谋"，这是宋朝宰相杜衍教导学生的话，它穿越于百年的时空界限，对于今天的朋友一样有指导意义。古人的话有很多是对的，并不是厚古薄今。

这句话在民间极为流行，甚至成为一些人用以告诫自己的座右铭。有志向、有理想的人，不应斤斤计较个人得失，更不应在小事上纠缠不清，而应有开阔的胸襟和远大的抱负。只有如此，才能成就大事，从而实现自己的梦想。

有时面对一些事情，我们应该做到能够泰然处之，"小不忍则乱大谋"。心胸开阔，目光放远一些，看这些事情对自己的长远发展是否有利，不去逞匹夫之勇。

6. 忍是弯曲的艺术

生活中离不开忍，英雄等待出头之日要忍，别人打你耳光需要忍，甚至连夫妻生活也需要忍。忍中具有道德、智能，忍中具有真善美。在忍中不觉得苦，不觉得累。所以，忍是一个人生存的第一能力，能屈能伸方为大丈夫本色！生活中，我们都需要忍，都要学会忍。

那么，怎样去忍呢？答案就是学会弯曲的做人艺术。山路十八弯，水路十八盘，人生之路也必定充满了荆棘坎坷，这就决定了我们在人生旅途上不仅要有挑战困难的决心，更应具有一颗学会弯曲的心。

有一对夫妇，他们的婚姻正濒于破裂的边缘。为了重新找回昔日的爱情，他们打算做一次浪漫之旅，如果能找回就继续生活，如果不能就友好分手。

不久，他们来到一条山谷，这是一条东西走向的山谷。山谷很平常，没什么特别之处，唯一能引人注意的是，它的南坡长满松、柏等树，而北坡只有雪松。

这时，天上下起了大雪。他们支起帐篷，望着纷纷扬扬的大雪，他们发现由于特殊的风向，北坡的雪总比南坡的雪来得大，来得密。不一会儿，雪松上就落了厚厚的一层雪，不过当雪积到一定的程度，雪松那富有弹性的枝丫就会向下弯曲，直到雪从枝上滑落。这样反复的积，反复的弯，反复的落，雪松完好无损。可其他的树，因没有这个本领，树枝被压断了。南坡由于雪小，总有些树挺了过来，所以南坡除了雪松，还有柏树等树木。

帐篷中的妻子发现这一景观，对丈夫说："北坡肯定也长过杂树，只是不会弯曲才被大雪压毁了。"

丈夫点头同意。过了片刻，两人像是突然明白了什么似的，相互拥抱在一起。

丈夫兴奋地说："我们发现了一个秘密——对于外界的压力要尽可能地去承受，在承受不了的时候，学会弯曲一下，像雪松一样让一步，这样就不会被压垮。"

大自然中的树如此，生活中的人亦如此。弯曲中蕴含着丰富的哲理，它并不是倒下和毁灭，而是顺应和忍耐。生活中，忍就是弯曲的艺术。

做人能懂得弯曲并敢于弯曲，是一种本领，更是一种境界。有这样一个小故事，两个身受不白之冤的人被关在同一所监狱。一个看到的是窗口外明亮的星星，而另一个看到的却是四周的高墙。看到星星的人甘于默默忍受困苦；而看到高墙的人终因承受不了外来的流言蜚语，在一个风雨交加的夜晚上吊了。10年后，案件水落石出，真相大白，那个看到星星的人被洗掉了冤屈，重获了自由。可叹的是另一个悲观的人却早已命归黄泉。可见，生活中糊涂一些，懂得弯曲，也不失为大丈夫。这种弯曲不是见风使舵，不是奴颜婢膝，不是昧上欺下。相反，它是另一种意义的人格和超脱。

懂得弯曲，是为了不折断正直。有时候，适当的弯曲是一种理智。弯曲不是妥协，而是战胜困难的一种理智的忍让。弯曲不是倒下，而是为了更好、更坚定地站立。弯曲不是毁灭，而是为了退一步的海阔天空，是为了让生命锻炼得更坚强。

7. 好汉宁吃"眼前亏"

好汉要吃"眼前亏"的目的是为了留得青山，要以吃"眼前亏"来换取其他的利益。如果因为不吃"眼前亏"而蒙受巨大的损失或灾难，甚至把命都弄丢了，那还有什么意义呢？

可以假设这样一个情况：你开车和别的车擦撞，对方只是"小伤"，甚至可以说根本不算伤，可是对方车上下来四个彪形大汉，个个横眉立目，围住你索赔。眼看四周荒僻，也无公用电话，更不可能有人对你伸出援助之手后，请问，你要不要吃"赔钱了事"这个亏呢？

当然可以不吃，如果你能"说"退他们，或是能"打"退他们，而且自己不会受伤。

如果你不能说又不能打，那么也只有"赔钱了事"了。因为，"赔钱"就是"眼前亏"，你若不吃，换来的可能是更大的损失。

所以说："好汉要吃眼前亏"，因为"眼前亏"不吃，可能要吃更大的亏。

当一个人实力微弱、处境困难的时候，也就是最容易受到打击和欺侮的时候。在这种情况下，人们的抗争力最差，如果能避开大劫也算很幸运了。假如此时面对他人过分的"待遇"最好是"退一步海阔天空"，那么先吃一下眼前亏，立足于"留得青山在，不怕没柴烧"，用"卧薪尝胆，待机而动"作为忍耐与奋发的动力。

当然，这里我们所说的吃"眼前亏"，应把握好以下行为界限：其一，目的应该是为了渡过难关，克服别人给你制造的麻烦，以免影响你的正事。其二，这种信念所针对的麻烦应是对抗性的矛盾和冲突，而不是那些鸡毛蒜皮的小事。其三，着眼于远大目标，致力于成就大事，而不能采取卑鄙的报复行为。第四，这种信念的价值就在于以暂时吃亏换取长久的利益。

汉初名将韩信年轻时家境贫穷，他本人既不会溜须拍马，做官从政，又不会投机取巧，买卖经商，整天只顾研读兵书。最后，连一天两顿饭也没有着落，他只好背上祖传宝剑，沿街讨饭。

有个财大气粗的屠夫看不起韩信这副寒酸迂腐的书生相，故意当众奚落他说："你虽然长得人高马大，又好佩刀带剑，但不过是个胆小鬼罢了。你要是不怕死，就一剑捅了我；要是怕死，就从我裤裆底下钻过去。"说罢双腿叉开，摆好姿势。

众人一哄围上，想看韩信的笑话。

韩信认真地打量着屠夫，竟然弯腰趴在地上，从屠夫裤裆下面钻了过去。街上的人顿时哄然大笑，都说韩信是个胆小鬼。

韩信忍气吞声，闭门苦读。几年后，各地爆发反抗秦王朝统治的大起义，韩信闻风而起，仗剑从军。

韩信忍胯下之辱而图盖世功业，成为千秋佳话。假如，他当初为争一时之气，一剑刺死羞辱他的屠夫，按法律处置，则无异于以盖世将才之命抵偿无知狂徒之身。韩信深明此理，宁愿忍辱负重，也不愿争一时之短长而毁弃自己的长远前程。

这样的忍耐，不是屈服，而是退让中另谋进取；不是逆来顺受、甘为人奴，而是委曲求全。一旦时机到了，他就能如同水底潜龙冲腾而起，施展才干，创建功业。

所以说，吃"眼前亏"是为了不吃更大的亏，是为了获得更长远的利益和更高的目标。"忍人之所不能忍，方能为人所不能为。"看似英勇、心气冲天的人其实是莽夫一个；而为了长远利益忍气吞声、宁吃眼前亏的人才是真正的好汉。

林则徐有一句名言："海纳百川，有容乃大。"与人相处，有一分退让，就受一分益；吃一分亏，就积一分福。相反，存一分骄，就多一分屈辱；占一分便宜，就招一次灾祸。所以说：君子以让人为上策。

战国时，梁国与楚国交界，两国在边境上各设界亭，亭卒们也都在各自的地界里种了西瓜。梁亭的亭卒勤劳，锄草浇水，瓜秧长势极好。而楚亭的亭卒懒惰，对瓜事很少过问，瓜秧又瘦又弱，与对面瓜田的长势简直不能相比。楚人死要面子，在一个无月之夜，偷跑过去把梁亭的瓜秧全给扯断了。梁亭的人第二天发现后，气愤难平，报告县令宋就，要过去把他们的瓜秧扯断。宋就听了以后，对梁亭的人说："楚亭的人这样做当然是很卑鄙的，可是，我们明明不愿他们扯断我们的瓜秧，那么为什么再反过去扯断人家的瓜秧？别人不对，我们再跟着学，那就太狭隘了。你们听我的话，从今天起，每天晚上去给他们的瓜秧浇水，让他们的瓜秧长得好，而且，你们这样做，一定不可以让他们知道。"梁亭的人听了宋就的话后觉得有道理，于是就照办了。楚亭的人发现自己的瓜秧长势一天好似一天，仔细观察，发现每天早上地都被人浇过了，而且是梁亭的人在黑夜里悄悄为他们浇的。楚国的边县县令听到亭卒们的报告后，感到非常惭愧又非常敬佩，于是把这事报告给了楚王。楚王听说后，也感于梁国人修睦边邻的诚心，特备重礼送梁王，既以示自责，也以表酬谢，结果这一对敌国成了友邻。

要做到忍让，就必须具有豁达的胸怀，在为人处世、待人接物时，不能对他人要求过于苛刻，应学会宽容、谅解别人的缺点和过失。要做到这一点，就要有气量，不能心胸狭窄，而应宽宏大度。特别是在小事上，宽大为怀，尽量表现得"糊涂"一些，便容易使人感到你通达世事人情。

经典小测试：你是一个有忍耐力的人吗

测试攻略

测试意义：★★★★

准确指数：★★★

测试时间：12分钟

测试情景

俗话说，祸从口出。很多人在情绪不稳定的时候容易说出一些伤害别人的话，甚至把自己的怒气撒到别人的身上。在冲动的时候应该多反省自己，让自己来克制冲动。

测试问答

1. 你是否喜欢游泳？

　　A.不喜欢，其实我有一点怕水→转第2题

　　B.喜欢，游泳是唯一能让全身都活动起来的运动→转第3题

2. 如果你必须找人问路，你会选择：

    A.同性或是老一辈的人来问路→转第4题

    B.不会特定，或是找长相好的异性来问路→转第5题

3. 如果你正要出门，碰巧遇到大风雨，你会：

    A.还是出门，难得老天爷掉眼泪→转第4题

    B.算了，干脆等雨停了再出去好了→转第7题

4. 夏天天气实在太热了，这时一瓶清凉的饮料出现在你面前，你会：

    A.当然是一口气把它喝完→转第8题

    B.还是慢慢喝，总有喝完的时候→转第6题

5. 如果不小心让你遇上一场血淋淋的车祸，你可能：

    A.会有点不舒服，可还是会继续看→转第6题

    B.会感觉恶心，转头就走，不会看下去→转第7题

6. 如果经济能力许可，你会选择怎样的穿着？

    A.会买好一点的衣服，但不会刻意追求名牌→转第3题

    B.应该会买名牌，那毕竟质感好且较有保障→转第10题

7. 你是否有常常忘记钥匙放在哪或忘了拿的习惯？

    A.有，感觉上次数还不少→转第9题

    B.几乎很少，平时多会特别留意→转第11题

8. 你是不是曾经为自己的偶像出现了恋情而难过不已？

    A.心真的很痛，没想到他（她）竟然就这么被"抢"走了→转第9题

    B.还好，一开始就知道彼此不可能，影响应该不会太大→转第10题

9. 你自己本身是否有美术天分呢？

    A.没有，不是美术白痴就不错了→A型

    B.有，虽然没受过训练，但总觉得有那样一份美感→转第10题

10. 你看电视时，是否很容易就会跟着入戏？

    A.是啊，明知道是假的却还是哭得稀里哗啦的→C型

    B.还好，能感动我的戏剧其实并不多→转第11题

11. 独自一个人住，你在家里会穿什么样的衣服呢？

    A.反正没人知道，什么样的衣服都无所谓→B型

B.不会太随便，还是会维持一下形象→D型

测试解析

A型：不会冲动，但是受人影响太深。

你是一个很小心的人，事事谨慎的你在做决定的时候会细细评估，结果就是因为想得太多了，连该做的事都没去做。这样子的你冲动指数不高，受人影响的指数却不低，所以极有可能会在旁人怂恿下做出意想不到的事。

B型：外冷内热。

你是一个外冷内热的人，当你与不认识的人打交道时，会给人一种严肃感。一旦认为对方可以信任的时候，你甚至会将家中私事告诉对方。小心，这种"熟悉就会让你变得冲动"的血液可能会让你受骗上当。

C型：言语没有经过大脑。

活泼开朗的阳光型人物。你是一个活泼开朗的阳光型人物，拥有乐于助人的个性。由于你常常会在不知不觉中将一些不该说的话脱口而出，久而久之，朋友们会认为你挺冲动的，很多事情还是对你守口如瓶比较好。

D型：言语都是经过大脑。

很善于思考的人。你是一个很善于思考的人，你的言行举止都是经过思考的，即使有人想要陷害你也很难。这样的你，冲动指数非常低，是个值得信赖的朋友。只不过，防御心强的你看起来朋友虽然很多，却比较缺少能谈心的对象。

测试点拨

如果你感觉情绪激动的时候，可以试着把注意力放在你身体的感觉上，想到"我现在心跳很快""我现在脸很红""我现在呼吸局促"等，当你关注自己身体的时候，你就会把自己的情绪压抑。

让冲动在运动中消失也不失为一个好办法。心理学家发现，运动是有效解决愤怒的方法，尤其是多参加户外活动，主动做一些消耗体力的运动，如登山、游泳、武术或拳击等，使不快得以宣泄。当感觉自己的情绪无法控制时，可以主动做一些运动，让冲动的情绪随着汗水一起流淌掉。

第三章　放得下才能拿得起——舍得名

　　舍是一种释放，是另一种更高层次的得，是心灵的回归。珍惜自己应该珍惜的，有时舍弃是为了更好的珍惜，只有把心中的私心杂念舍弃，这样才能轻装上阵，让自己一身从容，更好地去迎接自己的明天！

1. 人的一生有得有失

　　人的一生，有得有失，有盈有亏。整个人生就是一个不断的得而复失、失而复得的过程。

　　在一生中，我们将逐渐地失去年轻，失去健康，失去少年的轻狂，失去可以把握一切的气势，失去做梦的勇气，其实也在失去做梦的资本。随着年龄的增大，我们还要面临失去工作，失去身边的朋友、熟人，到最后，我们要失去整个熟悉的世界，步入天堂。因此，我们一定要学会接受"失去"。

　　一位旅客去三峡旅游，站在船尾观赏两岸景色时，不小心将手提包掉落在江中，包中有不少钞票。他当即不假思索地跃身投水捞包。结果虽然包抓到手中，可人再也没有出来。这位旅客如果学会习惯失去，就不至于连命也赔进去。

　　人赤条条地来到这个世界，又手握空拳的离去。人的一生不可能永久地拥有什么。一个人获得生命后，先是童年，接着是青年、壮年、老年，然而这一切又都在不断地失去。在得到什么的同时，你其实也在失去。所以说人生获得的本身也是一种失去。人生在世，有得有失，有盈有亏。有人说得好，得到了名人的声誉或高贵的权力，同时就失去了做普通人的自由；你得到了巨额财产，同时就失去了淡泊清贫的欢愉；得到了事业成功的满足，同时就失去了眼前奋斗的目标。

我们每个人如果认真地思考一下自己的得与失，就会发现，在得到的过程中也确实不同程度地经历了失去。整个人生就是一个不断的得而复失、失而复得的过程。一个不懂得什么时候该失去什么的人，是愚蠢可悲的人。谁违背这个过程，谁就会像贪婪的蛇，累倒在地，爬不起来。

俄国伟大诗人普希金在一首诗中写道："一切都是暂时，一切都会消逝；让失去的变为可爱。"居里夫人的一次"幸运失去"就是最好的说明。1883年，天真烂漫的玛丽亚（居里夫人）中学毕业后，因家境贫寒无钱去巴黎上大学，只好到一个乡绅家里去当家庭教师。她与乡绅的大儿子卡西密尔相爱了。在他俩计划结婚时，却遭到卡西密尔父母的反对。这两位老人深知玛丽亚生性聪明、品德端正。但是，贫穷的女教师怎么能与自己家庭的钱财和身份相匹配？父亲大发雷霆，母亲几乎晕了过去，卡西密尔屈从了父母的意志。

失恋的痛苦折磨着玛丽亚。她曾有过"向尘世告别"的念头。玛丽亚毕竟不是平凡的女人，她除了个人的爱恋，还爱科学和自己的亲人。于是，她放下情缘，刻苦自学，并帮助当地贫苦农民的孩子学习。几年后，她又与卡西密尔进行了最后一次谈话，卡西密尔还是那样优柔寡断。她终于砍断了这根爱恋的绳索，去巴黎求学。这一次失恋，就是一次"幸运的失去"。如果没有这次失去，她的历史将会是另一种写法，世界上就会少了一位伟大的女科学家。

学会习惯于"失去"，往往能从"失去"中"获得"。得其精髓者，人生则少有挫折，多有收获；人会从幼稚走向成熟，从贪婪走向博大。

对善于享受愉悦心情的人来说，人生的艺术只在于进退适时，取舍得当。因为生活本身即是一种悖论：一方面，它让我们依恋生活的馈赠；另一方面，又注定要我们对这些礼物最终弃绝。正如先师们所说：人生在世，紧握着拳而来，平摊两手而去。

执着地对待生活，紧紧地把握生活，但又不能抓得过死，松不开手。人生这枚硬币，其反面正是那悖论的另一要旨：我们必须接受"失去"，学会怎样松开手。

生活的这种教诲的确是不易接受的，尤其当我们正年轻的时候，满以为这个世界将会听从我们的使唤，满以为我们用全身心的投入所追求的事业都一定会成功。而生活的现实仍是按部就班地走到我们的面前。于是，这第二条真理虽是缓

下辑 舍得的艺术

慢的，但也是确凿无疑地显现出来。

我们在经受"失去"中逐渐成长，在"失去"中经过人生的每一个阶段。我们只是在失去娘胎的保护时才来到这个世界上，开始独立的生活；而后又要进入一系列的学校学习，离开父母和充满童年回忆的家庭；结了婚，有了孩子，等孩子长大了，又只能看着他们远走高飞。我们要面临双亲的谢世和配偶的亡故，面对自己精力逐渐地衰退。最后，我们必须面对不可避免的自身死亡。我们过去的一切生活，生活中的一切梦都将化为乌有！

但是，我们为何要臣服于生活的这种自相矛盾的要求呢？明明知道不能将美好永久保持，可我们为何还要去造就美好的事物？我们知道自己所爱的人早已不可得，可为何还要使自己的心充满爱恋？

要解开这个悖论，必须寻求一种更为宽广的视野，透过通往永恒的窗口来审度我们的人生。一旦如此，我们即可醒悟：尽管生命有限，但我们在世界上的"作为"却为之织就了永恒的图景。

人生绝不仅仅是一种作为生物的存活，它是一些莫测的变幻，也是一股不息的奔流。我们的父母通过我们而生存下来，我们也通过自己的孩子而生存下去。我们建造的东西将会留存久远，我们自身也将通过它们得以久远的生存。我们所造就的美，并不会随我们的湮没而消失。我们的双手会枯萎，我们的肉体会消亡，然而我们所创造的真、善、美将与时俱在，永存而不朽。

2. 看得开，放得下

常会听到有人说，现代社会很难快乐起来。一会儿觉得自己的收入不如别人，一会儿又觉得自己的职位不如别人，凭什么他就可以住高级住宅，而自己却还猫在一隅，总是觉得社会很不公平。此时您可能忘了，放下就是快乐，这是对快乐最简捷最明了的诠释。

只要我们把心事放下，理智地去应对每一件事，做到对什么事都能看得开、想得明、放得下，把烦恼抛开，少去想那些不切实际的东西，少去为那些不现实的东西烦忧，快乐就会迎面走来。一句话，就是调整好心态，把心事放下，做好自己该做的事情，你就会快乐起来！

有一个富翁背着许多金银财宝，到远处去寻找快乐，可是走过了千山万水，也未能寻找到快乐。于是他沮丧地坐在山道旁。一农夫背着一大捆柴草从山上走下来，富翁说："我是个令人羡慕的富翁。请问，为何没有快乐呢？"

农夫放下沉甸甸的柴草，舒心地揩着汗水："快乐也很简单，放下就是快乐呀！"富翁顿时开悟：自己背负那么重的珠宝，总怕别人抢，总怕别人暗害，整日忧心忡忡，快乐从何而来？于是富翁将珠宝、钱财接济穷人，专做善事，慈悲为怀。这样做滋润了他的心灵，他也尝到了快乐的味道。

时下，人们成天被名缰利锁缠身，何有快乐？成天陷入你争我夺的境地，快乐从何而言？成天心事重重，阴霾不开，快乐又在哪里？成天小肚鸡肠，心胸如豆，无法开豁，快乐又何处去寻？

因此，"放下就是快乐"是一味开心果，是一味解烦丹，是一道欢喜禅。只要你心无挂碍，什么都看得开、放得下，何愁没有快乐的春莺在啼鸣，何愁没有快乐的泉水在歌唱，何愁没有快乐的鲜花在绽放！

有句话说得好："当野心从你心底燃起，快乐就从你心间逝去。"朋友，你放下试试，快乐就在你身边！

3. 鱼和熊掌不可兼得

一只倒霉的狐狸被猎人用套子套住了一只爪子，它毫不迟疑地咬断了那只小腿，然后逃命。放弃一只腿而保全一条生命，这是狐狸的哲学。人生亦应如此，当生活强迫我们必须付出惨痛的代价时，主动放弃局部利益而保全整体利益是最明智的选择。智者说："两弊相衡取其轻，两利相权取其重。"趋利避害，这也正是放弃的实质。

在欧洲，有一首流传很广的民谚：为了得到一根铁钉，我们失去了一块马蹄铁；为了得到一块马蹄铁，我们失去了一匹骏马；为了得到一匹骏马，我们失去一名骑手；为了得到一名骑手，我们失去了一场战争的胜利。

为了一根铁钉而输掉一场战争，这正是不懂得及早放弃的恶果。

生活中，有时不好的境遇会不期而至，搞得我们猝不及防，这时我们更要学会放弃。放弃焦躁性急的心理，安然地等待生活的转机，杨绛在《干校六记》中所记述的，就是面对人生际遇所保持的一种适度的心态。让自己对生活对人生有一种超然的关照，即使我们达不到这种境界，我们也要在学会放弃中，争取活得洒脱一些。

几十年的人生旅途，会有风风雨雨，有所得也必然有所失。只有学会了放弃，我们才拥有一份成熟，才会活得更加充实、坦然和轻松。

比如大学毕业分手的那一刻，当同窗数载的朋友紧握双手，互相轻声说保重的时候，每个人都禁不住泪流满面……放弃一段友谊固然会于心不忍，但是每个人毕竟都有各自的旅程，我们又怎能长相厮守呢？固守着一位朋友，只会挡住我们人生旅程的视线，让我们错过一些更为美好的人生山水。学会放弃，我们就有可能拥有更为广阔的友情天空。

放弃一段恋情也是困难的，尤其是放弃一场刻骨铭心的恋情。但是既然那段岁月已悠然遁去，既然那个背影已渐行渐远，又何必要在一个地点苦苦地守望呢？不如冷静地后退一步。学会放弃，一切又会柳暗花明。

4. 放弃是另一种胜利

会用乐观豁达的心态对待失去或即将失去的东西，我们就会有快乐和愉悦的心情相伴。古往今来，因放弃而得到胜利的典故和事迹不胜枚举。

学会放弃，是放弃那种不切实际的幻想和难以实现的目标，而不是放弃为之奋斗的过程和努力；是放弃那种毫无意义的纷争和没有价值的索取，而不是丧失奋斗的动力和生命的活力；是放弃那种金钱地位的博弈和奢侈生活的创造，而不是失去对美好生活的向往和追求。

面对纷繁复杂的世界和物欲横流的社会，懂得放弃的人，是会用乐观、豁达的心态去对待没有得到的东西的，他们每天都有快乐和愉悦的心情伴随左右，从而得到另一种胜利。而不懂得放弃的人，只会焦头烂额地乱冲，他们不仅最终未能达到目标，而且每天都陷入得失的苦恼之中。

也许放弃在当时是痛苦的，甚至是无奈的选择。但是，若干年后，当我们回首那段往事时，我们会为当时正确的选择感到自豪，感到无愧于社会、无愧于人生。也许正是当年的放弃，才到达今天的光辉极顶和成功彼岸。

欧洲金雕筑巢于高山悬崖，它以尖利的喙和强壮的爪宣布自己是天空的王者。金雕一窝，只孵出两只幼雏。在食物不足的年份，小金雕就会挨饿，金雕妈妈也只能眼看着孩子饿得"嗷嗷"叫。到这时，两只小金雕就用力互相挤靠，结果总是相对弱小的那只被挤下山崖摔死。而这时的金雕妈妈又总是容忍这种"兽行"，因为在它眼里，一个都不能少的结果，就是一个都不剩。

人是难以理解金雕的，但是面对残酷的饥饿，金雕必须如此，否则就会全部饿死。人生也是如此，有时也会徘徊在十字路口，面对一些不切实际的幻想和难以实现的目标难以抉择。此时我们何不像金雕一样学会放弃，去寻求另一种胜利呢？

尽管人生奋斗不止的目的是获得，比如获得财富，获得荣誉。但有时放弃也是一种必要，学会放弃，在深秋时可以感受到夏天的热情、春天的柔情、冬天的真情。其实，放弃并不是悲观失望的退却，而是另一种胜利。

5. 放弃需要巨大的勇气

古人云："塞翁失马，焉知非福。"放弃是一种量力而行的睿智和远见，是顾全大局的果敢和胆识。

在我们惯有的思维中，总是以为生活的继续让我们有更多的收获，所以对于放弃我们根本不加考虑，却对永不放弃情有独钟，把不轻易放弃作为人生的固定哲学。因此，有很多人在面临抉择的时候总是舍不得放弃，结果赔了夫人又折兵。

面对复杂的人生，我们不能仅仅掌握一套哲学，以为只要懂得了一个道理便可以畅通无阻。其实获得往往只要心地坦荡，而放弃则需要巨大的勇气。想要驾驭好生命之舟，我们面临的是一个永恒的主题，那就是学会放弃。一个拾贝壳的小女孩刚到沙滩便捡了两手贝壳，妈妈就对女儿说："先放下手中的，你才能捡到更美的贝壳。"小女孩的母亲想以此来告诉她：随着成长的脚步，她要舍弃更多，不管她愿不愿意。

如果只懂得抓住不放，甚至贪得无厌，那么面对灯红酒绿的花花世界，那么多的诱惑如何去抗拒？当一个比你的恋人更完美的人出现时，当更令你痴迷的物品出现时，你如果不加考虑地接受，那么就会带来无尽的压力和难以摆脱的痛

下辑 舍得的艺术

苦，甚至毁灭自己。不是有些人因为贪得无厌，家里红旗不倒，外面彩旗飘飘，最终落得妻离子散、人财两空吗？ 智者说："两弊相衡取其轻，两利相权取其重。"如果不分清是非，只认为人就应该永不放弃，那么到头来承担后果的只能是自己。人类就是因为一种不愿舍弃的心理才导致了生命更沉重的负荷。人总是边走边喊："累啊，累啊！"可是舍不得放下压得自己喘不过气来的肩头的重担，以为这样走到尽头会是收获，却不知中途有人因为承载不了负荷而被压倒，再也起不来了。

在印度洋的大海啸中发生了一个感人的故事。一位年轻的妈妈在万分紧急的情况下为了救3岁的儿子忍痛放弃了5岁的大儿子，否则母子3人无生还的可能。没想到奇迹发生了，大儿子竟然也得以生还。人生的抉择，很多时候是由不得人的，放弃的艺术是我们的必修课。很多人总是喜欢保留一些废品舍不得扔掉，到后来才发现那些物品不但一文不值，放在新的物品旁边还起了腐化作用，使有价值的东西也浪费了。

人的情感总是希望有所得，以为拥有越多就会越快乐，迫使我们沿着追寻收获的路走下去。当我们受了很多苦时才发现，我们的无聊和困惑，痛苦和失落，压抑和无奈，无不和我们过于渴望拥有有关。因为不懂放弃或过分的执着，让我们迷失了方向。

人的生命的确是薄如蝉翼的，有人说过"命若悬丝"，非常脆弱。我们都不知道我们的命会撞在哪一条轨道上，为何不学会放下沉重的十字架呢？在沙漠上驮着金子走不动的旅人为何不肯卸下金子，轻松寻找维持生命的水源呢？如果为了金子渴死在沙漠里，再多的金子又怎能和宝贵的生命比较？所以，放弃未尝不是一种明智之举，未尝不是一种收获呢！

把握时机，保持清醒的头脑就要学会选择，学会放弃。面对人生，我们是自己唯一的导演，只有学会选择和懂得放弃才能彻悟人生，才能拥有海阔天空的人生境界。

6.勇敢地面对人生的丧失

老鹰是世界上寿命最长的鸟类，它的寿命可达70岁。但是如果想要活那么久，它就必须在40岁时作出困难却重要的抉择。

当老鹰活到40岁时，它的爪子开始老化，不能够牢牢地抓住猎物；它的喙变得又长又弯，几乎能碰到它的胸膛；它的翅膀也会变得十分沉重，因为它的羽毛长得又浓又厚，使它在飞翔的时候十分吃力。在这个时候，它只有两种选择：等死或者经过一个十分痛苦的过程来蜕变和更新，以便继续活下去。

这是一个漫长的过程：它需要经过150天的漫长锤炼，而且必须很努力地飞到山顶，在悬崖的顶端筑巢，然后停留在那里不能飞翔。

首先，它要做的是用它的喙不断地击打岩石，直到旧喙完全脱落，然后经过一个漫长的过程，静静地等候新的喙长出来。之后，它还要经历更为痛苦的过程：用新长出的喙把旧指甲一根一根地拔出来，当新的指甲长出来后，再把旧的羽毛一根一根地拔掉，等待5个月后长出新的羽毛。

这时候，老鹰才能重新开始飞翔，从此可以再过30年的岁月！

对于老鹰来说，这无疑是一段痛苦的经历，但正是因为不愿在安逸中死去，正是对30年新生岁月的向往，正是对脱胎换骨后得以重新翱翔于天际的憧憬，激发了它心中的勇气和决心。要想延长自己的生命，获得重生的机会，它选择了经受几个月的痛苦。我们不得不为老鹰的这种勇于改变的勇气所折服。

放眼人生，又何尝不是如此？面对癌症，是草草地结束自己的生命以免遭受肉体和精神的折磨，还是积极地治疗，创造生命的奇迹？陷入困境，是听天由命，等待命运的宣判，还是放手一搏，冒险寻求可能的转机？工作平淡无奇、碌碌无为，是安于现状，享受现有的安逸，还是勇于改变，寻求属于自己的一片天地？

2004年2月28日，清华大学主楼报告厅里，举行了一个规模不大，但非常特别的英文新书《从小脚女人到奥运会冠军》的首发仪式。这本由北京出版社出版的英文专著的作者，就是我们熟悉的"乒坛皇后"邓亚萍。

曾经18次取得过奥运会、世界锦标赛、世界杯冠军的世界女子乒坛顶尖选手邓亚萍，在夺得1997年英国曼彻斯特世界乒乓球锦标赛女子团体、单打和双打3块金牌后，选择了退役。这一年，她迈入了清华大学的校门，开始了全新的生活。从清华大学本科毕业后，邓亚萍到英国诺丁汉大学攻读硕士学位，之后又被英国剑桥大学录取攻读经济学博士学位。

退役之时，凭借在乒坛的辉煌成就，她可以轻松地获得一个管理职务，或是教练的席位，但她放弃了这种生活，而是向一个全新的领域发起了挑战。邓亚萍说："临近退役时，我便开始设计自己将来的路，有人认为运动员只能在自己熟悉的运动项目中继续工作，而我就是要证明：运动员不仅能够打好比赛，同时也能做好其他事情。哪天我不当运动员了，我的新起点也就开始了。"

短短的7年多时间，这位曾经在乒坛充满霸气的女中英杰，在她的转型期，用当年夺取世界冠军的毅力和决心，在另一个领域开拓了被专家们称为"第二个奇迹"的全新局面。从运动员到清华学子，再到剑桥博士的成功转型，她付出了比常人更多的努力和汗水。

刚到清华大学外语系报到时，指导老师让她一次写完26个英文字母，她还只能试试。因为她从5岁开始进行乒乓球训练，10多岁入选到国家队，一直到24岁退役，几乎没有什么学习基础。她回忆说："上课时老师的讲述对我而言无异于天书，我只能尽力一字不漏地听着、记着，回到宿舍，再一点点翻字典，一点点硬啃硬记。我给自己制订了学习计划。一切从零开始，坚持3个第一：从课本第一页学起，从第一个字母、第一个单词背起。一天必须保证14个小时的学习时间，每天5点准时起床，读音标、背单词、练听力，直到正式上课；晚上整理讲义，温习功课，直到深夜12点。"正是凭借着这种不懈的努力和顽强的意志，她出色地完成了在清华的学业。本科毕业后，邓亚萍将自己5000多字的英文毕业论文送给萨马兰奇。萨马兰奇将这份论文存放到国际奥委会博物馆，他认为这是一个中国运动员成长的最有价值的纪念。

此后，她在国外的求学更为艰苦。在诺丁汉大学上课的过程中，邓亚萍总是抓住一切机会抢着发言。老师开玩笑说从她学习的劲头可以看得出她是一个世界冠军。为了完成论文，她每周都要自己开车到不同城市的图书馆去查找资料。一年后，邓亚萍面对严格的考官，用英语宣读了3500字的论文——《从小脚女人到奥运冠军》，以翔实生动的材料和清晰有力的论点论述了中国妇女及中国妇女体育的巨大发展和变化。临场考官的一致结论是：无条件一次通过！2002年12月22日，她如愿获得硕士学位。萨马兰奇先生称赞她"拥有了打开世界大门的钥匙"。

"有人可能觉得我这是自讨苦吃，甚至有人说你的荣誉多得一大把，不攻读什么学位，后半生照样可以过得不错，即使读学位也不必那么辛苦，甚至不妨找个'枪手'代笔写论文。但我读书上大学可不是为了'镀金'，我上学只是要圆自己的读书之梦。我从自己与外国朋友交往中深切感受到知识缺乏、交流不畅。尽管基础差，我不想投机取巧走捷径！"

谈到剑桥的博士学业，邓亚萍说："难啊，真是太难了，感觉压力很大。一天到晚就是绷着，所以感觉特别辛苦。但我要感谢当学生的这段经历，因为它让我看到了另外一个世界，找到了自己新的价值。如果亚运会、世乒赛和奥运会的冠军是我乒乓球生涯的三大满贯，那么获得清华学士学位、诺丁汉大学硕士学位和取得剑桥博士，就是我要完成的另一项大满贯。"

丧失，是人生征途中一段艰难的历程，面对丧失我们要从容，相信艰难过后就是胜利。蜕变，是成长道路上必经的风雨，你要坚信，蜕变过后将是辉煌的新生。

7. 丧失是成长和收获的源泉

美国著名心理学家朱迪·福斯特曾说："我们以丧失开始人生。"是的，我们被抛出温暖的子宫，来到这个陌生的世界，我们失去了绝对安全的庇护，但从此开始了人生新的征程。在生活的漫长道路中，我们失去了很多爱的人和事物，也得到了人生的感悟和收获。丧失，的确是一件痛苦的事情，但它并不可怕，它是我们为生活付出的沉重代价，但它也是我们成长和收获的源泉。

航行在大海上的船，虽然由于风暴的摧残，一艘艘变得伤痕累累，丧失原先的完整。但风暴过后，它们修补了伤口，依然在广阔无垠的大海上破浪前进，甚至比以前变得更加顽强，更加牢固。

英国劳埃德保险公司曾从拍卖市场买下一艘船，这艘船1894年下水，在大西洋上曾138次遭遇冰山，116次触礁，13次起火，207次被风暴扭断桅杆，然而它从没有沉没过。劳埃德保险公司基于它不可思议的经历及在保费方面带来的可观收益，最后决定把它从荷兰买回来捐给国家。现在这艘船就停泊在英国萨伦港的国家船舶博物馆里。

不过，使这艘船名扬天下的却是一名来此观光的律师。当时，他刚打输了一场官司，委托人也于不久前自杀了。尽管这不是他的第一次辩护失败，也不是他遇到的第一例自杀事件，但是每当遇到这样的事情，他总有一种深深的负罪感。

他不知该怎样安慰这些在生意场上遭受了不幸的人。

当他在萨伦船舶博物馆看到这艘船时，忽然有了一种想法，为什么不让他们来参观参观这艘船呢？于是，他就把这艘船的历史抄下来，和这艘船的照片一起挂在了他的律师事务所里。每当商界的委托人请他辩护，无论输赢，他都建议他们去看看这艘船。它使我们知道：在大海上航行的船没有不带伤的。

我们应该认清一个道理，人生是一个不断争取、不断丧失的过程。我们长大了，世界就不再视我们为孩子。我们再长大，就会面对分离，失去父母，失去爱人，直到最后失去自己。与之相比，失去金钱或一次失败，实在是再平常不过的事了。我们不知是否有更高的目标隐藏在背后，我们只能相信，这一切乃是必要的。

佛经言："舍得，舍得，有舍才有得。"失去是一种痛苦，但更多的是为迎接新生。失去春天的葱绿，却能收获丰硕的金秋；失去阳光的灿烂，却能收获雨露的甘甜……

经典小测试：你的感性指数有多高

测试攻略

测试意义：★★★

准确指数：★★

测试时间：15分钟

测试情景

感性就是凭着自己的感觉来做事，凡事只要感觉对了就行。不管有没有事实根据，你都会按照自己的想法去做，可有时候也能让你丧失原则。你感性的指数有多高呢？

测试问答

1. 当你发现情人爱上自己最好的朋友，你会和情人分手并且和好朋友断交吗？

　　A.是→转第2题

　　B.否→转第3题

2. 在友谊之中，你无法忍受朋友欺骗你胜过不理你？

A.是→转第4题

B.否→转第8题

3.以一般男人的观点，你是否觉得女人性感一些，比较容易受到男人的欢迎？

A.是→转第4题

B.否→转第5题

4.如果你爱上一个不该爱的人，你是否会冒着众叛亲离的下场，为爱走天涯？

A.是→转第7题

B.否→转第10题

5.你曾经以貌取人过吗？

A.是→转第7题

B.否→转第6题

6.当你有1000元可以花费的时候，你会选择做哪一件事？

A.逛街血拼→转第9题

B.吃遍美食→转第13题

7.你喜欢住的房子是？

A.大坪数的公寓→转第8题

B.有庭院的小房子→转第13题

8.当你和死党同时喜欢上一个异性，而且死党还不知道你也喜欢对方，你会怎么处理？

A.公平竞争→转第12题

B.自动放弃→转第14题

9.当你看到一幅让你回忆起什么事情的画面，会觉得很感动吗？

A.是→转第15题

B.否→D型

10.情人跟你说哪一句话，会让你感动得愿意为对方做任何事？

A.你是我的最爱，我永远都不会变心！→转第11题

B.我愿意为你而死！→转第8题

11.你喜欢哪一种天气？

A.晴天→A型

下辑 舍得的艺术

B.雨天→B型

12.你喜欢哪一种动物？

A.猫头鹰→A型

B.黄金鼠→转第11题

13.当你迷路了，眼前有一位老绅士和一位老婆婆，你会向哪一位问路？

A.老婆婆→转第15题

B.老绅士→转第14题

14.你喜欢去哪一种类型的国家旅行？

A.现代文明→B型

B.历史古迹→C型

15.你觉得自己是一个童心未泯的人吗？

A.是→C型

B.否→D型

测试解析

A型：感性指数0，属于铁面无私的包青天。

在你的心中有一把理性的尺子，不管遇到什么人、什么事，你都会用这把尺来衡量，即使是你的家人、情人或好友，也逃不过这种严格的检视。你喜欢公平、公正、公开，无论是好事或坏事都不会隐藏。对于中国人讲求的"情、理、法"，你很不以为然，因为你是"法、理、情"的拥护者。你的理性让你在人群之中具有权威性，可以得到大家的肯定和信任，不过似乎也容易让人有喘不过气来的感觉。

B型：感性指数40，是理性与感性的混合体。

你的人缘很好，对于理性和感性的情感掌控得宜。每一个和你相处的人，都会觉得如沐春风。你在不同的场合、与不同的人相处，就能因地制宜地表现出得体的应对方式，不至于理性得令人觉得不通人情，也不会感性得让人觉得没有原则。你会在条理分明的观念之中，带着一点对人的关怀和热情，所以你很适合从事公关或服务性的工作。

C型：感性指数80，是刀子嘴豆腐心的闷烧锅。

和你初次见面或是不够熟识的人，会觉得你说话直接、个性直率。虽然你的外表是个嗓门特别大的大老粗，或是神经特别大条，但是了解你的人都知道，其实你是一个看电视连续剧时也会偷偷掉眼泪的人，只是外表装得很坚强。除此之外，你还有一副难得的好心肠，喜欢默默帮助人家，"大恩不言谢"的相处方式，会让你觉得比较自然。在感情方面，你也是一个有爱不敢说的闷烧锅。

D型：感性指数100，是柔情似水的超级好人！

你是一个感性得不得了的人，喜欢沉浸在自己的想象世界里，非常具有博爱的精神。男女老幼对你来说都没有分别，你的爱可以变得难以收拾。你的感性总是让异性难忘，让同性嫉妒。但是你要切记，适度的感性可以增加自己的魅力，可是如果感性过了头，可能就容易招来麻烦。所以在情感方面，你常常因为不自觉的释放热情而使局面变得难以收拾。

测试点拨

对于女人来说，理性过于感性有时候可能是种痛苦。因为，你会永远在分析、疑虑中猜测着事件本身，理性的思维，过于敏捷的思路，使该留有的娇气都掩藏消失，使更多的可爱之处被忽略不见，使只有女人才能独享到的快乐远离而去。所以女人还是感性点为好。但是一旦感性过了头，就会让别人对你产生不必要的误会，也会惹来不必要的麻烦。

第四章　退得出才能进得去——舍得权

　　不与人争不是躲避和退缩，也不是消极怠工，而是一种君子的修为，是一项基本的处世行为，是一种经历风雨之后的旷达与沉稳，宁静与淡泊。不争权，不争利，甘于寂寞，甘于吃苦，甘于简单，默默耕耘，是大建树、大智慧、大淡泊、大澄明。仿佛沉默的岩浆，纵然永远无法相聚，隔着厚厚的泥土，但又永远相知于生命的体温。

1. 成全别人的好胜心

　　不是谁都明白"成全"一词的重要性，也不是谁都会懂得在成全别人的背后，即将成全的是我们自己。生活中总有些人，无理争三分，得理不让人，小肚鸡肠；有些人真理在握，也让人三分，显得绰约柔顺，有君子风度。前者往往是生活中的不安定因素，后者则具有一种天然的向心力。一个活得疲惫不堪，一个活得自然潇洒。有理，没理，饶人，不饶人，一般都是在是非场上、论辩之中。假如是重大的或重要的是非问题，自然应当不失原则地论个青红皂白，甚至为追求真理而献身。但日常生活中，也包括工作中，往往为一些非原则的、鸡毛蒜皮的问题争得不亦乐乎，以至于非得决一雌雄才算罢休。越是这样的人，越被别人瞧不起。

　　争强好胜是人的天性。对于别人的好胜心，我们不要极力排斥，更不要置之不理。相反，我们应该学会成全别人的好胜心。

　　学生们对一位新来的老师感到有些好奇和畏惧。因此这位老师故意在课堂上说："我的字写得不好看，板书更差，小学时我的书法都不及格。"以此博得学生一笑，为的是很快缩短师生之间的距离。有时他也会说："如何，我的领带漂亮吗？"学生就会暗暗在心里想："这老师真有趣，尽注意些小事，可见老师也是凡人。"学生的心情一下子放松了，便对老师产生了亲切感。

与有自卑心理和戒备心的人交谈是很困难的，尤其在社会地位有差距时，对方在居下的位置上心中会有胆怯感。此时对方心理上自然会筑起一堵防御墙，首先让对方树立"自己不比别人差"的观念，这一点很重要。

美国华盛顿特区有一位名演员，他是出名的花花公子。一位曾经被他追求过的女性回忆说："若是他触动了我的'母性'本能，我就凡心大动。他往往会说：'我真笨，连衬衫都穿不好。'"这位男演员就是利用母性本能，博得女人欢心的。

人人都有自尊心，人人都有好胜心，若要联络感情，就应处处重视对方的自尊心。因为要维护对方的自尊心，所以你必须抑制自己的好胜心，成全对方的好胜心。

比如对方与你有同性质的某种特长，对方与你比赛，你必须让他一步。即使对方的技术敌不过你，你也得让对方获得胜利。但是一味退让，便表现不出你的真实本领，也许会使对方误认为你的技术不太高明，从而在心里轻视你。所以你与他比赛的时候，应该施展你的相当本领，先造成一个均势之局，使对方知道你不是一个弱者，进一步再施小技，把他逼得很紧，使他神情紧张，才知道你是个能手，再一步，故意留个破绽，让他突围而出，从劣势转为均势，从均势转为优势，结果把最后的胜利让给对方。对方得到这个胜利，不但费过许多心力而且危而为安，精神一定十分愉快，对你也有敬佩之心。

不过在安排破绽时，必须十分自然，千万不要让对方明白这是你故意使他胜利，否则便觉得你虚伪。所面临的难题，是起初你还能以理智自持，比赛到后来，感情一时冲动，好胜心勃发，不肯再做让步，也是常有的事。或者在有意无意之间，无论在神情上、语气上、举止上，不免流露出故意让步的意思，那就白费心机了。

时下流行着一句话："玩深沉。"其实这种场合玩点深沉正显示了大度卓越的风姿。争强好胜者未必掌握真理，而谦逊的人，原本就把出人头地看得很淡，更不消说一点小是小非的争论，根本不值得称道。你若是有理，却表现得谦逊，往往能显示出一个人的胸襟之坦荡、修养之深厚。

2. 将欲夺之，必先予之

老子有这样的说法："将欲废之，必固兴之；将欲夺之，必固与之。"而另一经典名著《韩非子》引《周书》："将欲败之，必姑辅之；将欲取之，必姑予之。"意义基本相同。今天成语里的"欲取姑予"，说的也就是这个意思。

吴王夫差大败越国之后，越王勾践成了他的奴仆，他以为吴国可以争霸天下了。

越王勾践决心战胜吴王，但在周敬王36年（公元前484年）吴王出兵伐齐时，却派兵支持吴王在艾陵打败齐军，还亲自去吴国致贺，并带着许多宝物贿赂吴国君臣。

吴国君臣个个喜气洋洋。只有伍员看破了勾践的用心。

周敬王38年（公元前482年）春，吴王夫差与晋定公在黄池（今河南封丘县西南）会盟，争得霸主之位。

而同时，越王却在吴王率兵远征之时，乘机攻吴，大败吴军，并最终灭吴。

我们从这个历史故事中不难明白，所谓"予"与"取"，它们之间的关系是辩证的、变化的，"取"是最终的目的，"予"只不过是达成目的的一种手段，"予"就是为了"取"。一切的"予"都是以"取"为前提的，都要看对自己是否有利可图。

换一种说法也就是说，在条件还不具备的时候，要想夺取或保存某种东西，可以暂时交出或放弃它，等待时机，创造条件，一旦时机成熟，再把它夺回来。

康熙即位时年龄很小，刚刚7岁零9个月，顺治便把索尼、苏克萨哈、遏必隆和鳌拜4人召来，让他们做顾命大臣。这4个人也在顺治帝前宣誓，表示"协忠诚、共生死、辅佐政务"，"不计私怨，不听旁人及兄弟子侄教唆之言，不求无义之富贵"。但是不久，这4位大臣就忘记了他们的誓言。

在4个顾命大臣当中，索尼因年纪大病死了，遏必隆勾结鳌拜，唯鳌拜之命是从，而苏克萨哈则是鳌拜的对头，没过多久，苏克萨哈就被鳌拜陷害致死。这样，朝廷之上就只剩下鳌拜一党了。鳌拜是"巴图鲁"（满族语勇士）出身，号称"满洲第一勇士"，性格蛮横强暴，为人勇武，极难制服。他在把持了朝政大权以后，大肆捕杀异己，曾矫诏杀死了山东、河南的巡抚和总督。他在朝廷之上专横跋扈、盛气凌人，根本没有一点人臣之礼。他对康熙视若无物，经常当众与康熙大声争论乃至训斥康熙，直到康熙让步为止。在处置苏克萨哈时，鳌拜要将他凌迟处死，康熙认为他无罪，鳌拜就大声争执。康熙仍是不许，鳌拜竟捋起衣袖，上前要打康熙。康熙无奈，只得同意鳌拜把苏克萨哈处以绞刑。

康熙14岁时，按照当时的规定，他可以亲政（即亲自处理政事）了，但有鳌拜专权，他无论如何是没办法亲政的，除掉鳌拜就成了当务之急。那么，明捉不行，用什么办法才好呢？康熙终于想出一条妙计，不动声色地筹划了起来。

满族人很喜欢摔跤，康熙就挑选了一些身体强壮的贵族少年子弟，到宫中练习摔跤，练了一年多，技艺大有长进。康熙也不时到摔跤房去练习，居然也窥得了门径。宫廷中的王公大臣以及后妃太监尽知此事，但都觉得是少年心性，十分自然，没有任何人怀疑康熙有什么其他的动机。在不知不觉之中，康熙的这支"娃娃兵"就练好了。

在"练兵"期间，康熙还依照中国传统的"将欲夺之，必先予之"的做法，连连给鳌拜升官，鳌拜父子先后被升为"一等公"和"二等公"，再先后加上"太师"和"少师"的封号，不仅稳住了鳌拜，还使他放松了戒备。

在康熙16岁的那一年，一切终于准备就绪了。他先把"娃娃兵"布置在书房内，等鳌拜单独进见奏事时，康熙一声令下，"娃娃兵"一齐涌上，顿时把鳌拜掀翻在地，死命按住。康熙又让"娃娃兵"把鳌拜捆绑起来，投入了监狱。这群"娃娃兵"完成了一件大事，尚且蒙在鼓中，还以为是小皇帝爱胡闹，让他们捉鳌拜考较他们的功夫呢。也只有这样，才能守得住秘密。否则，鳌拜的耳目极其众多，只怕要"出师未捷身先死"了！在捉住鳌拜之后，康熙立即宣布了他的13大罪状，并组织人审判鳌拜，把鳌拜集团的首恶分子也一网打尽。不久，鳌拜死于狱中。此后，康熙又为受鳌拜迫害和打击的人平反昭雪，放还了被鳌拜霸占的民田，又限制了奴仆制度，改革了政府机构。康熙也从此集中了权力，树立了威信。

天下没有免费的午餐，任何获取都具有成本，都需要付出代价。

从前，有一个人家里老鼠成灾，主人就找了一只猫回来捕鼠。这只猫很会捕鼠，但是也咬鸡。一段时间后，主人家的老鼠没有了，同时鸡也几乎被咬死了。于是，儿子对父亲说："我们为什么还要留着一只专爱咬鸡的猫在家呢？"父亲告诉儿子说："这里面有这样一个道理，老鼠不但偷吃我们的粮食，而且还咬坏我们的衣服，如此横行下去，我们岂不要挨饿受冻了吗？没有了鸡，我们只是暂时吃不上鸡罢了。但是比较一下，这和挨饿受冻又差着一大截呢，我们为什么要赶走猫呢？"

要想得到不挨饿受冻的日子，就必须养猫舍鸡。付出代价才能有回报，这就是要想取之，必先予之。可是，世人常常只想取之，不想予之，只想得，不想舍，贪得无厌，最后的结果是失去更多。舍是得的前提，敢大舍的人才能大得。

舍得才能获得，放下才能去争取新的目标；忘记才能心宁，宽容才能得众。反求诸己，做到无念无私，就是踏实自在。

3. 做人不能太较真

水至清则无鱼，人至察则无徒，做人不能太较真。这也是有人活得潇洒、有人活得太累的原因之所在。

做人固然不能玩世不恭、游戏人生，但也不能太较真、认死理。太认真了，就会对什么都看不惯，连一个朋友都容不下，把自己同社会隔绝开。镜子看上去很平，但在高倍放大镜下，就成了凹凸不平的山峦。肉眼看很干净的东西，拿到显微镜下，满目都是细菌。

试想，我们如果"戴"着放大镜、显微镜生活，恐怕连饭都不敢吃了。再用放大镜去看别人的毛病，恐怕许多人都会被看成罪不可恕、无可救药的了。

孔子带众弟子东游，走累了，肚子又饿，看到一酒家，孔子吩咐一弟子去向老板要点吃的。这个弟子走到酒家对老板说："我是孔子的学生，我们和老师走累了，给点吃的吧。"老板说："既然你是孔子的弟子，我写个字，如果你认识的话，随便吃。"于是写了个"真"字，孔子的弟子想都没想就说："这个字太简单了，谁不认识啊？这是个'真'字。"老板大笑："连这个字都不认识还冒充孔子的学生。"吩咐伙计将之赶出酒家。孔子看到弟子两手空空垂头丧气的回来，问后得知原委，就亲自去酒家，对老板说："我是孔子，走累了，想要点吃的。"老板说："既然你说你是孔子，那么我写个字如果你认识，你们随便吃。"于是又写了个"真"字，孔子看了看，说这个字念"直八"。老板大笑："果然是孔子，你们随便吃。"弟子不服，问孔子："这明明是'真'嘛，为什么念'直八'？"孔子说："这是个认不得'真'的时代，你非要认'真'，焉不碰壁？处世之道，你还得学啊。"

这虽是个杜撰的故事，但也说明了一个道理，那就是做人不能太较真。在工作中，不是你把所有的事情做好了就是认真。有时候事情没做好，在领导的眼里也是认真，因为你认真地揣摩了领导的需要而且尽可能地配合了领导的需要。认真不是较真，为什么很多兢兢业业工作的人没有得到晋升，而工作并不出色的人反而得到提升？因为前者多较真，而后者是认真，前者多被领导表扬，但和领导走得远，后者多被领导批评却和领导行得近。你说谁更认真？糊涂是外人看到的糊涂。郑板桥说"难得糊涂"，大概也是这个道理吧。

有位同事总抱怨他们家附近小店卖酱油的售货员态度不好，像谁欠了她巨款似的。后来同事的妻子打听到了女售货员的身世。她丈夫有外遇，和她离了婚，老母瘫痪在床，上小学的女儿患哮喘病，她每月只能挣四五百元工资，一家人住在一间15平方米的平房里。难怪她一天到晚愁眉不展。这位同事从此再不计较她的态度了，甚至还建议大家都帮她一把，为她做些力所能及的事。

在公共场所遇到不顺心的事，实在不值得过度较真生气。有时素不相识的人冒犯你，其中肯定是另有原因，不知哪些烦心事使他此时情绪恶劣，行为失控，正巧让你赶上了。只要不是恶语伤人、侮辱人格，我们就应宽大为怀、以柔克刚、晓之以理。

没有必要和原本与你无仇无怨的人瞪着眼睛较劲。假如较起真来，大动肝火，枪对枪、刀对刀地干起来，再酿出个什么严重后果来，那就太划不来了。与萍水相逢的陌路人较真，实在不是聪明人做的事。假如对方没有文化，与其较真就等于把自己降低到对方的水平。另外，从某种意义上说，对方的触犯是发泄和转嫁他心中的痛苦。虽说我们没有义务分摊他的痛苦，但确实可用自己的宽容去帮助他，使自己无形之中做了件善事。这样一想，也就会容忍他了。

但是，要求一个人真正做到不较真、能容人，也不是简单的事，首先需要有良好的修养、善解人意的思维方法，并且需要经常从对方的角度设身处地的考虑

下册｜舍得的艺术

和处理问题。多一些体谅和理解，就会多一些宽容，多一些和谐，多一份友谊。

4. 适可而止，留有余地

传奇性的法国飞行先锋和作家安托安娜·德·圣苏荷依曾说过："我没有权利去做或说任何事以贬抑一个人的自尊。重要的并不是我觉得他怎么样，而是他觉得他自己如何，伤害他人的自尊是一种罪行。"

做事也要讲究艺术。在办事过程中，如果发现对方的做法与自己的要求不符，可以通过巧妙的暗示。这比使对方恼怒的指责要高明得多。如果对方办事的方法不符合你的要求，当面指责只会造成对方的反抗，容易把事搞砸，而巧妙地暗示对方注意自己的错误，则可以轻松地把事情处理好。

美国一家大超市的经理杰克，每天都到他的连锁店去巡视一遍。有一次，他看见一名顾客站在台前等待，没有一个售货员对她稍加注意。那些售货员在柜台远处的另一头挤成一堆，有说有笑。身为经理的他当然对这一情况很不满意。"一定要纠正这种不负责任的行为"。这一念头一浮出脑海，杰克就决定实施下去。但是他并没有直接去指责那些在上班时间闲谈的售货员，他采取了巧妙暗示、保全员工面子的方法处理了这件事。他站在柜台后面，亲自招呼那位女顾客，然后把货品交给售货员包装，接着他就走开了。售货员当然看到了这个情况，深感自责的她们再也没有让类似的情况发生过。

杰克没有直接指责员工的不负责，而是亲自去为顾客服务，让员工意识到自己的失职，起到了间接的纠正员工错误的作用。

卡尔·兰福，在佛罗里达州奥兰多市当了许多年的市长。他时常告诫他的部属，要让民众来见他，他宣称施行"开门政策"。然而他社区的民众来拜访他时，都被他的秘书和行政官员挡在了门外。

最后，这位市长找到了解决的办法。他把办公室的大门给拆了。他的助手们知道了这件事，也只好接受了。从此之后，这位市长真正做到了"行政公开"。

有些人面对直接的批评会非常愤怒，因为他们觉得这样做是在伤害他们的自尊。这时，间接地让他们去面对自己的错误，会收到非常神奇的效果。

伊丽莎白女士运用巧妙暗示的方法，使得一群懒惰的建筑工人在帮她盖房子之后清理现场。开始请工人干活的时候，伊丽莎白女士下班回家之后，发现满院子都是锯木屑。她不想去跟工人们争执，因为他们的工程做得很好。所以等工人走了之后，她跟孩子们把这些碎木块捡起来，并整整齐齐地堆放在屋角。次日早晨，她把领班叫到旁边说："我很高兴昨天晚上草地上这么干净。"从那天起，工人每天都把木屑捡起来，堆放在一边，领班也每天都来看看草地的状况。

这种办事的方法，使人们易于改正错误，又维护了自尊，以为自己很重要，希望把事情办好，而不是反抗或抵触。

生活中的很多事，起因复杂，因此办起来更复杂。许多时候我们清楚，真理是站在自己这一边的。但这并不意味着，有了道理就可以不依不饶。

"气忌盛，心忌满，才忌露。"明代思想家吕坤如是说。世间的事物没有十全十美的，但也正因为如此，这个世界才得以不断发展。月无常圆，金无足赤，就是因为有残缺，才会激起我们对完美的追求，虽然永远无法达到完美的境界，但这追求本身就是最有意义的。万事万物都在不停发展，如果有什么东西达到了极致，从某种程度上说也就是停滞或死亡，所以我们经营事业也好，享受生活也好，都要掌握一个"度"。

给事物留下发展的余地。清初著名学者朱舜水先生就说过："满盈者，不损何为？慎之！慎之！"

5. 养成谦虚礼让的美德

古语云："猛虎藏于山野之中，伺机而动；俊才隐于众生之中，待机而行。是故真人杰也，不彰，不矜，不显，不明，不扬，不呈，如此则外可保其才，内可养其性，为凡人所不能为之事，成凡人所不能成之大业也！"

嫉贤妒才，几乎是人的本性。愿意别人比自己强的人并不多，所以有才能的人会遭受更多的不幸和磨难。木秀于林，风必摧之。

曾国藩深通文韬武略，也深知功名之靠不住和害处，所以他是"以出世的精神，干入世的事业"，不把功名放在心上，成为中国近代少有的"内圣外王"的典范。他反复嘱咐儿子曾纪泽要谨慎行事，甚至于大门外不可挂相府、侯府这样炫耀的匾额。很多位居高官的人或者尸位素餐，或者请求致仕，主要就是收敛锋

· 163 ·

下辑｜舍得的艺术

芒、低调做人，以免成为众矢之的！所以古人说："露才是士君子大病痛，尤莫甚于饰才。露者，不藏其所有也。饰者，虚剽其所无也。"

人的名气一大，流言便会满天飞，稍有不慎，必将惹下大祸。在名利场中，要防止盛极而衰的奇灾大祸，必须牢记"持盈履满，君子兢兢"的教诫。"欹器以满覆，扑满以空全"，这是世人常用的一句自警语。欹器是古人装水的一种巧器，呈漏斗状。水装了一半时它很稳当，但装满了，它就会倾倒。扑满是盛钱的陶罐，它只有空空如也，才能避免为取其钱而被打破的命运。中国人的传统观念是：居官要时时自惕！时时处处谨慎，切勿不留余地。越是处权势之中，享富贵之极，越是要不显赫赫奕奕的气派，收敛锋芒，以保退路。在官场热闹处要能著一双冷眼，避免无形中的杀机。

秦朝的李斯，他的祖先是楚国上蔡人，他后来归顺秦始皇，被当作客卿，开始当廷尉，后来做了宰相。他上书要求烧书，认为在一起讨论《诗经》、《尚书》的都要杀头。他把儒生活埋，焚烧经书、术数书籍。李斯曾和宦官赵高造伪诏而杀了公子扶苏。后来他与赵高发生了矛盾。赵高对二世说："李斯大儿子李由是三川守卫，同盗贼陈胜私通，而且丞相身居在你之外，权力却比你还大。"秦二世认为他说得对，于是把李斯关进牢房，用完五刑，在咸阳把他腰斩了。李斯临刑的时候，回过头对二儿子说："我想和你再牵着黄狗一块出去，到上蔡东门去追野兔，怎么能够做到呢？"于是父子相对痛哭。他被灭了三族。所以胡曾诗说："功成不解谋身退，直待云阳染血衣。"

张居正，明隆庆元年入阁，后为首辅（宰相）。万历初年，神宗年幼，国事都由他主持，前后当政十年。当时军政败坏，财政破产，农民起义此伏彼起，危机严重。他以"得盗即斩"的手段加强镇压，并进行一些改革。万历六年，他下令清丈土地，清查大地主隐瞒的庄田；3年后在全国范围内推行一条鞭法，改变赋税制度，把条项税役合并为一，按亩征银，封建政府的财政情况有所改善。但他排斥异己，结党营私，生活腐化堕落，喜爱声色犬马，家中财物珍玩无数，名声很糟，终于以"夺情"（即他贪婪权势而怕为父奔丧时权力被人剥夺，终于没有奔丧）为清议所不容。万历皇帝长大后，就没收了他的财产，还扒了他的坟墓，为他所排挤的人逐渐恢复了位置。

明代魏大中在42岁上才走完了科举道路的最后一步，进士及第并被授予官职，当时是万历四十四年，朝廷一片乌烟瘴气。他官阶八品，在朝廷中尚无发言的地位，却对人对事都看不惯，看不惯还爱说，结果到处遭人白眼。他到哪里，哪里的官员便失却捞到好处的机会，而他自己却一点儿好处也不要，甚至不与人交往，这在官官相护的时代真是不可原谅的错误。他结交的几个人都是东林党人，与当时权势显赫的魏忠贤为敌。结果，他上疏弹劾温体仁、魏忠贤奸党，反遭诬陷时，天启皇帝因为知道他过分廉洁而放过了他，但他终于还是被抓在狱中，被折磨至死。

海瑞，以正直廉洁而著名，到处主持公道，侵害大官僚地主的利益，克扣下属，连纸张都不许多领多用，甚至要求必须写满——不能浪费。结果，一生被人排挤，到处碰壁，郁郁不得志。他仗着一身正气，谁都不放在眼里。结果是既无能力扭转世俗，也没有过一天舒心的日子，最终还被罢了官，遭贬谪。

如果这些人收敛一下，低调一些，学会保护自己，一边为天下黎民着想，为社稷着想，一边实施自我保护，哪里还有这么多悲剧发生呢？实际上，两者完全可以兼顾，并不一定非要顾此失彼。历史上事业成功而且结局很好的人多得是，他们或者归隐，或者仍身居高位。事业成功而个人生活失败，怎么能算完全的成功呢？怎么能是大智大慧的人所为呢？

所以，无论是初涉世事，还是位居高官，无论是做大事，还是一般人际关系，都应该低调一些。有了才华固然很好，但在合适的时机运用才华而不被或少被人忌，避开功高盖主，才算是更大的才华，这种才华对国对家对人对己才有真正的用处！这方面，荀攸是一个绝好的榜样。

曹操是个难侍候的主儿。他有过人的才华，下手快，出手狠，疑忌心重，气量极狭，把"宁教我负天下人，休教天下人负我"作为信条。他杀了在危难中款待他的吕伯奢一家九口人，杀了能摸透他心思、锋芒外露的谋士杨修。可是他手下有一位谋士荀攸，却与他相处融洽，前后为曹操谋划十二奇策。曹操玩弄权术，想让手下的人怕他，荀攸未必不知道，但他不露声色。而杨修总是想表现自己的聪明，说破曹操的目的，终为曹操所不容。荀攸对曹操执礼甚恭，让曹操感到自己的重要和特殊，平时对一些小事，总是装聋作哑，顺水推舟，想来"丞相英明"之类的话是不会少说的。正因为如此，所以他博得曹操的信任和欣赏，每到关键时刻，他的计划就总能为曹操所接受，从而使自己的才能得到了极大程度的发挥，又给自己创造了一个宽松和谐的环境，把人臣的艺术发挥到极致，所以曹操说他"外愚内智，外怯内勇，外弱内强"，"其智可及，其愚（其实是大智）不可及"。

周公（姓姬名旦）是西周初年著名的政治家、军事家，曾佐其兄周武王伐纣灭商。武王死后，成王年幼，由他摄政。其兄弟管叔、蔡叔、霍叔等人不服，联合纣王子武庚和东方夷族反叛。他率军两次东征，经三年苦战，终于平定了叛乱。东征胜利后，成王把殷民六族和旧奄国地，连同奄民，分封给他，国号鲁。周公因需在朝中辅助成王，于是派儿子伯禽去鲁。在儿子伯禽临行前，他告诫伯禽道："德行广大而守以恭者荣，土地博裕而守以俭者安，禄位尊盛而守以卑者贵，人众兵强而守以畏者胜，聪明睿智而守以愚者益，博闻多记而守以浅者广。"

周公的这些谆谆家训，对今天我们这些后人仍有很大的警诫和教益。

洪应明在其传世名著《菜根谭》中也认为，"富者应多施舍，智者亦不炫耀，操履不可少变，锋芒不可太露"。他指出："富贵家宜宽厚，而反忌刻，是富贵而贫浅其行矣！如何能享？聪明人亦敛藏，而反炫耀，是聪明而愚懵其病矣！如何不败？"这段话的意思是：一个富贵的家庭待人接物应该宽宏仁厚，但有的人反而刻薄无礼，这种人虽然身为富贵之家，可是他的行为跟贫贱之人却完全相同，这样又如何能够长久享有富贵呢？一个才智超群、博学聪明的人，本来应该隐匿其才华，而有的人反而到处炫耀自己。这种人表面上看起来好像很聪明，其实是很愚昧的。这样的人如何会不失败呢？

作为一个人，尤其是作为一个有才华的人，要做到深藏不露、低调做人，既有效的保护自我，又能充分发挥自己的才华，不但要克服、战胜盲目骄傲自大的病态心理，凡事不要太张狂、太跋扈，太咄咄逼人，更要养成谦虚礼让的美德。

6. 大智若愚总是智

据《菜根谭》记载："爽口之味，皆烂肠腐骨之药，五分便无殃；快心之事，多捐身败德之媒，五分便无悔。帜只扬五分，船便安；水只济五分，器便稳。"

意思是说只张"五分"（二分之一）帆却平安地驶行着的船，只注"五分"水却稳妥地保持着平衡的容器，对于个人如何更好地处世，如何保持包括上下在内的各种人际关系的平衡，是一项很好的启示。

为人处世应严守操行、不露锋芒，即应做到智通权财不足自恃，不足自耀也不足自夸。人与人之间的一般言行答对，看似区区小事，但能否有一种高深的修养，能否处理得稳妥、圆熟和周到，往往决定着事的成败、人的生死，也就是"善用者生机，不善用者杀机"。所以注重精神修养的人，在这一方面不得不引起足够重视，不得不加大力度。我们先看看洪应明列举的几位历史人物的史实，就可以明白其中道理。

霍光是西汉的重臣，受武帝遗诏，辅佐年幼的汉昭帝。昭帝死后，他迎立昌邑王刘贺为国君，因刘贺荒淫无度，即位27天后即遭废。霍光再迎立刘询为汉宣帝。史载汉宣帝即位时，在去拜祭祖庙的路上，霍光同车陪乘。汉宣帝十分畏惧，好似芒刺在背，浑身不自在。后因霍光有事离去，由另一位将军代替霍光陪乘，汉宣帝才敢活动四肢，才有了少少的一种安全感。霍光死后，他的妻儿子女全遭诛杀。《汉书》记载当时流行着这样的一种说法："声威权威能镇住皇帝者，当然不可容留，霍氏家庭的灭门之祸，正是始于霍光陪同宣帝乘车一事啊。"

石崇是西晋文学家，他任荆州刺史时，曾纵容部下拦路抢劫客商，得了很多财物，成为巨富，生活奢侈，连晋武帝的舅舅王恺也望尘莫及。石崇与王恺曾多次想着法儿比富，王恺命家人用米酒洗锅头，石崇就拿家人用白蜡来当柴烧。王恺为带妻妾出外游玩，所经之路，就命人用紫色的丝布来围成一条有四十里长的临时"胡同"，让老百姓能闻其声不见其人。石崇听说后，则命仆人用五彩锦缎围成了另一条足有五十里长的"胡同"。王恺在比富的路上总输给石崇后，唯有向晋武帝求援。晋武帝就将国库中收藏的唯一一件外国进贡来的二尺多高的珊瑚树赐给了王恺，想为自己的舅舅争回一次光。殊不知石崇见后，故意将这珊瑚树打烂，并让仆人抬出了六七株高三至四尺的、更为富丽的珊瑚树来赔给王恺，令其目瞪口呆。由此可见，石崇的财富有着国库的财富也无可比拟之处。最终，正是财富美色使石崇及其全家老小尽遭灭门之灾。史载石崇在刑场上叹道："这回那些下贱者可以沾得我家的财富利益了。"他至死不忘的依然是财富，旁边有

下辑｜舍得的艺术

人回敬他说："你知道过多的财富可招祸患，为何不将这些财富早些分给百姓呢？"石崇才哑然无对。

韩信作为刘邦麾下的头号战将，勇冠三军，不论是带兵方法还是军事谋略，都有远非刘邦所可企及之处。对此，刘邦与韩信都是心知肚明的。问题在于作为部下的韩信，对此毫不谦逊。有一次，刘邦问韩信："在你看来，我能带多少兵？"韩信答："不超过十万。"刘邦又问："那么你呢？"韩信直肠直肚就答；"我是越多越好。"虽说这留下了"韩信将兵，多多益善"的千古美谈，但却在刘邦的心中埋下了种子，引起戒备。后来韩信又在刘邦受困之时竟提出设"齐王"的要求相要挟。刘邦虽然答应了，到后来终于借故杀掉了韩信。

陆机是西晋的文学家，出身于吴国的高级士族家庭。吴国被西晋剿灭之后，他与其弟陆云远居旧里。闭门勤读近十年之后，兄弟二人来到晋都洛阳，以他们的文才为当时的权贵所推崇，以至有"伐吴之役，利获二俊"之说。陆机趁此而热衷仕途，依附权贵，后卷入著名的"八王之乱"，为成都王率兵攻伐长沙王，战败而归，被宿怨者进谗言，诬告他久怀不轨之志，终被成都王杀死，并夷灭三族。

以上的悲剧，是由封建社会的臣子与君主的人身依附关系所决定的。韩信可称为西汉的开国元勋。霍光则是一个有作为的政治家，他辅政时所采用的一系列政策，在客观上有助于西汉社会的稳定和生产力的发展。陆机和石崇都是在自己的时代里久负盛名的文学家。他们或他们的家人罪不当死，但事实却是如此。这样看来，在当时的社会状况下，锋芒毕露、争强好胜、不居人后、缺乏谦逊的种种处事方式及表现，成了导致他们悲剧的直接诱因，他们的才华盖世、权势在握，却都在为人处世方面缺了一条心弦。

当智则智，当愚则愚，愚也是一种智。必要时，甚至装一装"低能儿"、做一做"糊涂人"都是可以的。"难得糊涂"这句话并非一般人能够说出，这是聪明人说出的一句聪明话，只是过分聪明的人理解不了，糊涂人也不懂。明朝刘基说："智而能愚，则天下之智莫加焉"（智者能带几分愚，就是天下的大智慧了），和这句话的意思是一样的。所以说，大智若愚总是智，贵生"大智"，妙在"惹愚"。

7. 以进为退，以退为进

当前面的路被一座山挡住，我们只能绕过去。这样虽然要多走一些路，但却能到达目的地。

因此，一个人要做成一件事，不懂得后退是不行的。后退是一种策略。不懂得后退的人，往往难以达到目的，还可能碰得头破血流。

几个月前，一位同事忧心忡忡地对我说，他的小孩最近数学成绩大滑坡，气得他一连数顿都没吃好饭，来问我该如何办。我问他是何种原因导致这种局面。他说也并非孩子不刻苦用功，老师的作业每天使孩子累得连自己心爱的足球赛也无法看，体育锻炼的时间更不用说了。可这孩子对戏剧艺术挺感兴趣，无论什么时候一谈起京剧便能脱口而出，而且其嗓音也是极其出色的。但孩子的父亲认为，现在学京剧是没有出息的，于是对这孩子的兴趣横加指责而不去鼓励他自由发展。

后来，我建议他必须退让，不能强逼孩子去干自己不愿干的事，也不能强逼他放弃自己的兴趣和业余爱好，唯一可行的办法就是退一步海阔天空，让孩子在广阔的天地里找到自己的影子、欢乐、痛苦、失败。当然，最终他肯定会找到自己的成功！

果不出所料，过了几周，同事跑来告诉我说他的孩子参加了业余京剧班，进步很快。学习也得心应手，心理压力减轻了，似乎前边的路很宽，也很轻松。

"盛极必衰，物极必反"，是事物发展的必然规律。自古以来，人的进退，原来就不是件容易处理的事，尤其是"退"字。

后退是为了造就自我进取的资本。身处竞争时代，首先应造就自己进取的资本。

美国的"钢铁大王"卡耐基，运用此法之高明，足以称得上谋略过人的商战高手。

1898年，"华东街大佬"金融巨头摩根与"钢铁大王"卡耐基开始了一场没有硝烟的战争。

由于美西战争的缘故，使得匹兹堡的钢铁需求高涨。而美西战争最后以美国胜利而告终，使得美国在国际上的声望日降。在这样的背景下，摩根向卡耐基发动钢铁战争的意义就更加重大了。

摩根意识到钢铁工业前途无量。所以，他早将目光盯上了钢铁，并把安插高级管理人员作为融资条件，送入伊利钢铁和明尼苏达钢铁两家公司，从而控制了这两家公司的实权。

但这两家公司与卡耐基的钢铁公司相比，只能算中小企业而已。由于美西战争导致钢铁价格上涨，摩根对钢铁的兴趣更加浓厚，便决定向卡耐基发起进攻。

野心勃勃的摩根，一心想主宰全美钢铁公司，所以，一出手就首先拿卡耐基开刀。摩根首先答应了号称"百万赌徒"的兹兹的融资请求，合并了美国中西部的一系列中小企业，成立了联邦钢铁公司，同时拉拢了国家钢管公司和美国钢网公司。接着，摩根又操纵联邦钢铁公司的关系企业和自己所属的全部铁路，同时取消了对卡耐基的订货。

原以为卡耐基会立即作出反应。但与摩根的预想相反，卡耐基却纹丝不动。玩股票起家的卡耐基，比任何人都更明白：冷静是最好的对策。特别在这个关头，自己面临的对手是能在美国呼风唤雨的金融巨头，如果此时仓促作出反应，那最后倒霉的将是自己。

卡耐基更清楚自己的"分量"。他深知自己的钢铁业在美国所占的市场。这些市场如果失去了卡耐基的支持，势必会有相当一部分企业因此而蒙受损失。卡耐基并不愁自己钢铁的出路——你不要自然有别人要！

摩根很快意识到在这事上栽了跟头。他马上采取了第二步骤："美国钢铁业必须合并！是否合并贝斯列赫姆，我还在考虑中，但合并卡耐基钢铁公司，则是绝对的！"摩根向卡耐基发出了这样的信息，甚至他还威胁道："如果卡耐基拒绝，我将找贝斯列赫姆。"

别的挑战并不可怕，但是一旦摩根与贝斯列赫姆联手，自己显然不妙。在分析了形势，估计了发展后，卡耐基终于作出了决定："大合并相当有趣，不妨参加。至于条件，我只要大合并后的新公司债，不要股票。至于新公司的公司债方面，对卡耐基钢铁资产的时价额，以1元对1.5元计算。"这对摩根来说，条件太苛刻了！但摩根沉默片刻，还是答应了卡耐基的条件。

在商战中，不能死抱住一些今日的蝇头小利，应该为了长远目标而放弃眼前利益。尤其是在情形不利时，更应善于退让。塞翁失马，焉知非福？只有善于退让的人，才能赚到大钱。

卡耐基瞅准了摩根的心理，同时抓住了摩根的弱点：你不是迫不及待地想合并吗？行，我答应你。但条件要听我的。这样，摩根以1∶1.5的比率兑换了卡耐基钢铁公司资产的时价额后，卡耐基的资产一下子从当时的2亿多美元跃到4亿美元！

卡耐基对付摩根的办法，看似卡耐基非常"软弱"。当摩根采取第一步时，卡耐基无动于衷。当摩根采取第二个步骤时，卡耐基似乎未做任何抵抗便"就范"了。但是，卡耐基的看似让步，实际上却取得了一次大的飞跃。不能不说卡耐基退了一步，而实际上进了两步。最后的真正胜利者，是卡耐基，而不是摩根！

"退"从表面上看，意味着胆怯、失败。但是下面一个事实也许会令你感叹不已。森林中，唯老虎为百兽之王，谁见谁怕。可是，你仔细观察，这样一种虎王，在捕食时却总是先后退几步，然后狂奔而上，紧紧地抓住猎物。老虎尚且知道在进攻时后退几步，以便产生更大的势能，而我们又何苦于只知前进，不知后退呢？

经典小测试：你是一个固执的人吗

测试攻略

测试意义：★★★

准确指数：★★

测试时间：8分钟

测试情景

生活中，适当的固执是一种好事，因为它可以坚持自己的基本原则，为自己加一分魅力。但是过分的固执就是一种偏执。人一旦变得偏执了，就会变得敏感，时常怀疑别人的好心，做出既伤害自己也伤害别人的事。

测试问答

1.经常要求别人做的事情十全十美？

　A.从没有过　　B.很轻　　　　C.有时候这样要求过

D.我经常这样要求别人　　　　E.每个人我都是这样要求

2.老是抱怨或者责怪别人制造了麻烦？

A.从没有过　　　B.很轻　　　　C.偶尔抱怨过

D.我经常抱怨别人　　　　　　E.我总是这样抱怨

3.经常有一些别人没有的想法和怪念头。

A.从没有过　　　B.很轻　　　　C.偶尔有

D.只信任我最好的朋友　　　　E.我谁都不信任

4.感觉大多数人都不能信任？

A.从没有　　　过B.很轻　　　　C.只对身边的人信任

D.大部分时间有　　　　　　　E.总是有这种念头

5.感到别人不理睬你，也没有人同情你？

A.从没有过　　　B.很轻　　　　C.偶尔有几次

D.大部分时间有　　　　　　　E.总是感到别人不会同情自己

6.不能控制自己的脾气，莫名其妙的找人发泄，最后言语伤人。

A.从没有过　　　B.很轻　　　　C.偶尔有几次

D.大部分时间有　　　　　　　E.总是莫名其妙地发脾气

7.认为别人对你的劳动成果没有作出恰当的评价？

A. 没有　　　　B.很轻　　　　C.偶尔

D.很容易这样觉得　　　　　　E.总是这样觉得

8.老是感觉别人想占你的便宜？

A. 没有　　　　B.很轻　　　　C.偶尔

D.很容易这样觉得　　　　　　E.总是这样觉得

测试解析

评分标准：选A为1分，选B为2分，选C为3分，选D为4分，选E为5分。

10分以下，一点都不偏执。

你不存在偏执的情况，是一个心平气和的人，而且大家都觉得你很可爱，所以都非常愿意和你交朋友，这样的你要继续保持。

15~24分，存在偏执。

你可能存在一定的偏执度，如果总觉得环境不好，做事不顺心，就要保持警惕，因为你可能转化为偏执的症状。一旦有了这样的情况，你一定要找到问题的症结，然后解决。

25分以上，有严重的偏执症状。

你有严重的偏执症状，你经常怀疑身边的人对你居心不良，久而久之，你就陷入了自己编织的幻想境界，不容易相信人。要摆脱症状，你就要随时保持愉快的心情，善于控制自己的情绪。另外，如果碰到很大的障碍，建议你去心理医生那求助。

测试点拨

有偏执倾向的人，应该多交朋友，多参加一些有意义的社会活动，并试着去相信别人，和身边志同道合的人建立起良好的关系网，并时刻提醒自己不要陷于"敌对心理"的漩涡中，这样你就可以摆脱偏执症状。

下辑 舍得的艺术

第五章　输得小才能赢得大——舍得利

凡成大业者，只有不存小私之心，才能成就大私之事；只有不争蝇头小利，才能获取巨额利益。经商，如果像一只"一毛不拔"的铁公鸡，像欧也妮·葛朗台那样的守财奴，那是绝对成不了百万富翁的；从政，如果只知有己，不知有人，时时事事与下级与群众争名夺利，充其量只能当个小贪官，绝对成不了大气候。

1. 做事不可急功近利

俗话说："人无远虑，必有近忧。"做人做事不可急功近利，无论是做什么，都需要长年累月的积累。

善于放长线、钓大鱼的人，看到大鱼上钩之后，总是不急着收线扬竿，把鱼甩到岸上。因为这样做，到头来不仅可能抓不到鱼，还可能把钓竿折断。

他会按捺心头的喜悦，不慌不忙地收几下线，慢慢把鱼拉近岸边；一旦大鱼挣扎，便又放松钓线，让鱼游窜几下，再又慢慢收钓。如此一收一弛，待到大鱼筋疲力尽、无力挣扎，才将它拉近岸边，用提网兜拽上岸。

正当曹操在入川问题上举棋不定之时，刘备认为曹操必定入川，急忙请来了诸葛亮商议对策。诸葛亮分析了当前的战略态势，他认为："曹操分军屯合淝，惧剥也。今我若分江夏、长沙、桂阳三郡还吴，遣舌辩之士，陈说利害，令吴起兵袭淝，牵动其势，操必勒兵南矣。"刘备从其计，立即"作书具礼，使人先到荆州，知会云长，然后入吴"。果然，当孙权听说刘备主动提出要归还三郡，十分高兴，立即命鲁肃带人前去收取长沙、江夏、桂阳，然后亲自率十万大军，"来攻合淝"，在曹操背后插了一刀。

很显然，刚刚安定的西蜀在随时都可能遭受曹操进攻的危局之下，从外交上继续争取和保持同东吴的合作，乃是摆脱危机的关键。因为在三角鼎立中，谁采取了灵活的外交，以"两角"对"一角"，谁就有可能致敌于两面作战的被动境地。

诸葛亮正是抓住了这一根本环节，对东吴作出一点实际让步而不再耍嘴皮子了，策略上表现出了极大的灵活性。

针对荆州的归属问题，诸葛亮曾利用各种方式来进行推托，名为"借荆州"，实则占荆州，对东吴寸土不让。但在这时，他却主动提出了要割让三郡，以此促使孙权进兵合淝。这样既缓和了孙、刘之间的利益冲突，又达到了"围魏救赵"的目的。谋略运筹，堪称绝妙！

诸葛亮割让三郡这个故事启示了我们，凡事必须要从长远考虑，有时候为了长久利益而暂时放弃一些眼前利益也是完全必要的。在复杂激烈的军事斗争中，利害相关，得失相关。特别是在处于极端困难的情况下，如果只讲进，不想退，企图处处得利，那么就会处处被动，最后受其大害。另外，诸葛亮借东吴之兵来攻合淝，给曹操背后一刀，来解西川之危，这一招堪称是"釜底抽薪""围魏救赵"之谋的妙计。

求人同钓鱼一样，如果逼得太紧，别人反而会一口回绝你的请求。只有耐心等待，才会有成功的喜讯。

据说，某中小企业的董事长长期承包那些大电器公司的工程，对这些公司的重要人物常施以小恩小惠。这位董事长的交际方式与一般企业家的交际方式的不同之处在于：不仅奉承公司要人，对年轻的职员也殷勤款待。

谁都知道，这位董事长并非无的放矢。

事前，他总是想方设法将电器公司中各员工的学历、人际关系、工作能力和业绩，作一次全面的调查和了解，认为某个人大有可为，以后会成为该公司的要员时，不管他有多年轻，都尽心款待。这位董事长这样做的目的是为日后获得更多的利益做准备。

这位董事长明白，十个欠他人情债的人当中有九个会给他带来意想不到的收益。他现在做的"亏本"生意，日后会利滚利地收回。

所以，当自己所看中的某位年轻职员晋升为科长时，他会立即跑去庆祝，赠送礼物，同时还邀请他到高级餐馆用餐。年轻的科长很少去过这类场所，因此对他的这种盛情款待自然倍加感动，心想："我从前从未给过这位董事长任何好处，并且现在还没有掌握重大交易的决策权，这位董事长真是位大好人！"无形之中，这位年轻科长自然产生了感恩图报的意识。

正在受宠若惊之际，这董事长却说："我们企业能有今日，完全是靠贵公司的抬举，因此，我向你这位优秀的职员表示谢意，也是应该的。"这样说的用意，是不想让这位职员有太大的心理负担。

这样，当有朝一日这些职员晋升至处长、经理等要职时，还记着这位董事长的恩惠。因此在生意竞争十分激烈的时期，许多承包商倒闭的倒闭，破产的破产，而这位董事长的公司却仍旧生意兴隆，原因是他就平常关系投资多的结果。

2. 糊涂亏，莫计较

把吃亏当福，是以一种豁达的心态接受一切。这听起来好像是弱者的自我安慰，可实际上渗透着糊涂处世的大智慧。

其实，吃亏与占便宜，正如祸福相倚一样，是互相依存、相互转化的。不过，得与失互为转化的效果，有时也并不是马上就可以见到的。但没有今天的"付出"，又怎么有日后的"回报"呢？

这里还有一个故事：

战国时，齐国的孟尝君是一个以养士出名的相国。由于他待士十分诚恳，感动了一个叫冯谖的落魄人。此人为报答孟尝君的礼遇而投到他的门下为他效力。

一次孟尝君叫人到其封地薛邑讨债，问谁肯去。冯谖自告奋勇说自己愿意去，但不知将催讨回来的钱买什么东西。孟尝君说，就买点我们家没有的东西吧。冯谖领命而去。到了薛邑后，他见到老百姓的生活十分穷困，听说孟尝君的使者来了，均有怨言。于是，他召集了邑中居民，对大家说："孟尝君知道大家生活困难，这次特意派我来告诉大家，以前的欠债一笔勾销，利息也不用偿还了。孟尝君叫我把债券也带来了，今天当着大家的面，我把它烧毁，从今以后再不催还。"说着，冯谖果真点起一把火，把债券都烧了。薛邑的百姓没料到孟尝君如此仁义，人人感激涕零。

冯谖回来后，孟尝君问他买了何物，冯谖如实回答，孟尝君大为不悦。冯谖对他说："你不是叫我买家中没有的东西吗？我已经给你买回来了。这就是'义'。焚券市义，这对您收归民心是大有好处的啊！"

数年后，孟尝君被人潜谮，齐相不保，只好回到自己的封地薛邑。薛邑的百姓听说恩公孟尝君回来了，倾城而去，夹道欢迎。孟尝君感动不已，终于体会到了冯谖"市义"苦心。

孟尝君当年的"付出"并没有想到日后的"回报"，但等他落难时，"回报"发挥出了意想不到的效果。这正是糊涂吃亏的智慧。可见，吃亏也可以是好事儿。

郭德成，元末明初人，性格豁达，十分机敏，特别是喜爱喝酒。

在元末动乱的时代里，他和哥哥郭兴一起，随朱元璋转战沙场，立了不少战功。

朱元璋做了明朝开国皇帝后，原先的将领纷纷加官晋爵，待遇优厚，成为朝中达官贵人。郭德成仅仅做了骁骑舍人这样一个普通的官员。

郭德成的妹妹宁妃，当时在宫中深得朱元璋的宠爱。朱元璋因此感到有些过意不去，准备提拔郭德成。

一次，朱元璋召见郭德成，说道："德成啊，你的功劳不小，我让你做个大官吧。"郭德成连忙推辞说："感谢皇上对我的厚爱，但是我脑袋瓜不灵，整天不问政事，只知道喝酒，一旦做大官，那不是害了国家又害了自己吗？"朱元璋见他辞官坚决，内心赞叹，于是将大量好酒和钱财赏给郭德成，还经常邀请郭德成去皇家后花园喝酒。

从某种角度来讲，郭德成是一个知道满足、没有过多奢欲的人。他能够有自知之明，正是他后来能忍受一时的委屈、一时的灾祸而保全生命的关键。伴君如伴虎，多少君臣相互猜忌，造成了多少历史悲剧。

一次，郭德成兴冲冲赶到皇家后花园，陪朱元璋喝酒，眼见花园内景色优美，桌上美酒香味四溢，他忍不住酒性大发，连声说道："好酒，好酒！"随即陪朱元璋喝起酒来。

杯来盏去，渐渐的，郭德成脸色发红，醉眼蒙眬，但他依然一杯接一杯，喝个不停。眼看时间不早，郭德成烂醉如泥，踉踉跄跄走到朱元璋面前，弯下身子，低头辞谢，结结巴巴地说道："谢谢皇上赏酒！"朱元璋见他醉态十足，衣冠不整，头发纷乱，笑道："看你头发披散，语无伦次，真是个醉鬼疯汉。"郭德成摸了摸散乱的头发，脱口而出："皇上，我最恨这乱糟糟的头发，要是剃成光头，那才痛快呢。"朱元璋一听此话，脸涨得通红，心想，这小子怎么敢这样大胆地侮辱自己。他正在发怒，看见郭德成仍然傻乎乎地说着，便沉默下来，转念一想：也许是郭德成酒后失言，不妨冷静观察，以后再整治他不迟。想到这里，朱元璋虽然闷闷不乐，还是高抬贵手，让郭德成回了家。

郭德成酒醉醒来，一想到自己在皇上面前失言，恐惧万分，冷汗直流。原来，朱元璋少时，在皇觉寺做和尚，最忌讳的就是"光""僧"等字眼。郭德成怎么也想不到，今天这样糊涂，这样大胆，竟然戳了皇上的痛处。

郭德成知道朱元璋对这件事不会轻易放过，自己以后难免有杀身之祸。怎么办呢？郭德成深深思考着："向皇上解释，不行，更会增加皇上的嫉恨；不解释，自己已经铸成大错。难道真的为这事赔上身家性命不成？"郭德成左右为难，苦苦的为保全自身寻找妙计。

过了几天，郭德成继续喝酒，狂放不羁，和过去一样，只是进寺庙剃光了头，真的做了和尚，整日身披袈裟，念着佛经。

朱元璋看见郭德成真做了和尚，心中的疑虑、嫉恨全消，还向宁妃赞叹说："德成真是个奇男子，原先我以为他讨厌头发是假，想不到真是个醉鬼和尚。"说完，哈哈大笑。

以后，朱元璋猜忌有功之臣，原先的许多大将纷纷被他找借口杀掉了，而郭德诚竟保全了性命。这是由于他能够从眼前的祸事看到以后事态的发展，提前避祸，才不至于招来杀身之祸。而其他的功臣则远不如郭德成明白要忍对祸福的道理。因祸进庙，因祸保住了性命，谁又能说这不是福呢？

生活中，那些常怕自己吃亏，总是斤斤计较、处处较劲，为蝇头小利也要与人争得面红耳赤的人，不妨多想想"吃亏是福"的道理，这对今后的人生会大有裨益。

3. 吃亏是福心中留

俗话说："吃亏人常在，财去人安乐。"是说能够吃亏、善于吃亏的人平安无事，而且终究不会吃大亏。"善有善报，恶有恶报"已是千古定律了，生命的轨迹总有可以预料之处。对于吃亏的人，冥冥之中，社会和人，总有给予相应或更多的回报。相反，总爱贪便宜的人最终贪不到真正的便宜，而且还会让人在背后戳脊梁骨。古今中外有多少人因贪眼前的小便宜而过早毁灭了自己。因此，在社会中生活，必须记住"吃亏是福"这个闪耀着哲理和经验之光的格言。

相传上古时代南方有一只千年老蜗牛，硕大无朋。蜗牛的左角上有一个国家，名叫"触氏"，蜗牛的右角上有一个国家，名叫"蛮氏"。两国的土地极其肥沃，抓一把就可以捏出油来。按理，这两国可以选择一种丰衣足食、安居乐业，建立友好邻邦；或者老死不相往来，高枕无忧，享受太平的方式。可是"蛮氏"国的酋长老是瞅着对方的那片土地，直咽口水。既有这种霸占的心理，便趁一个月黑风高之夜，纠集了国内二万八千将士，直扑触氏。

然而触氏首领也是爱占便宜之辈，老是想着怎么能在铁公鸡身上拔出毛，癞蛤蟆身上取四两肉来，蠢蠢欲动，企图吞并蛮氏。这样一来正好下山虎遇着上山虎。触氏首领决定乘此良机，一举占领蛮氏，当即召集了三万条好汉，群情激愤，直扑蛮氏。

朝阳初开的时刻，触蛮两国兵马在蜗牛头上的这一片开阔地上短兵相接，无须下令，五万八千条汉子便胡乱砍杀起来。直到血肉横飞，鬼哭狼嚎，飞沙走石，日月无光。三天之后，触蛮两国全军覆没，蛮酋被拦腰斩成二段，触酋身首异处。一眼望去，伏尸横野、阴风惨惨。多少年后，有一位骚人墨客途经此处，凭吊之际，见尸骨遍野，不禁哀吟道：

"鸟无声兮山寂寂，夜正长兮风淅淅。魂魄结兮天沉沉，鬼神聚兮云幂幂。日光寒兮草短，月色苦兮霜白。伤心惨目，有如是耶？"

造物主似乎俯视含笑，笑这些鼠目寸光、冥顽不灵的众生，往往为了蝇头小利、蜗角之地，征战砍伐。结果呢？多半是两败俱伤，死无葬身之地。

你爱吃亏吗？对于这个问题，我想每个人的回答应该都相同，那就是"NO"。人生几十年，谁都曾吃过亏，但谁都不爱吃亏。不过，糊涂学则认为吃亏是福。

吃亏是福关键在于心，在于不计较小小得失。生活中，懂得吃亏的人才是真正的智者。对于生活中由于争端而吃点亏，最好的做法是"大事化小，小事化了"。因为每个人生活中都会有不顺心的时候，在这个时候尽量忍让，不惹事端，多考虑对方的感受，多感谢他们平时对自己的帮助和支持，才有助于以后工作的发展。

国内软件行业的旗帜型人物求伯君做的第一桩买卖很亏。他编写的西山打印驱动程序以2000元的价格卖给了四通公司后，四通公司将该程序以500元一套的价格卖了好几百套。

这位IT行业的风云人物，在谈到早年的吃亏经历时，却没有一丝遗憾，相反对当年的吃亏心怀感激。求伯君认为，四通也没有薄待他，录用他做了一段时间的专职软件技术员，从而为他后来步入金山公司、开发WPS软件奠定了基础。更重要的是，这次买卖让他明白了经营在软件行业中的重要性。以后，他把金山公司总裁的位置让给了有经营头脑的雷军，自己专心搞软件开发，金山公司迅速腾飞，而求伯君也因此成为IT行业的巨富。

综观以上求伯居的吃亏经历，竟然都被当事人理解为福分，可见"吃亏是福"不是阿Q式的精神自慰，而是一种糊涂处世的智慧。吃亏是福。我们要学会正确地调整心态，坦然面对吃亏，从而让我们能在人生路上走得踏踏实实，快快乐乐。

工作中，有些工作不是分得很清。谁多做？谁少做？如果大家都想占便宜，那肯定有许多事情就没有人去做，这样的结果是集体的名誉受到影响，真所谓占小便宜吃大亏。如果大家都不怕吃亏，有什么事情都抢着做了，也许这次你吃亏了，也许下次他吃亏了，但是工作都完成了，集体荣誉有了，大家感情融洽了，工作氛围好了，相比下来，虽然吃点小亏，还是收获了"福"。

朋友相处，也是这样。如果都想着占别人的便宜，也许你会得逞一两次，可是，时间久了，谁还会相信你这个朋友？朋友讲究的就是为对方考虑。虽然"为朋友两肋插刀"并不提倡，但凡事多想着点朋友，朋友交往不是一次两次，也不是一两天，所以也不能计较是不是吃亏。时间长了，彼此都很了解了，因为偶尔的吃亏，得到一辈子的好友，这难道不是福吗？

对待家人，也是如此。亲人心甘情愿的吃亏，做子女的也不能理所当然地占这个便宜，要体会亲人的一份真情。同时，你也要能为家人吃亏。大家都能让上三分，还会有什么家庭矛盾？这难道不也是福吗？

4. 吃亏越多，幸福越多

夫妻之间不能计较得失，家庭是一个最小的单元，两人同舟共济才有幸福的生活。因此，在家庭中唯一的目标是使家庭生活幸福、美满。为实现这一目标，一切都可以调整。

有的丈夫有大男子主义，只希望妻子在家照顾自己，其实这是一个很不好的想法。因为妻子对你来说不仅仅是助手、帮手，她还是你精神的伴侣。长期把妻子置于家中，妻子的精神就会衰变。而整日在外的丈夫有一天会突然觉得她失去了光彩，不再吸引自己，于是家庭的裂痕就可能出现。所以在家中，丈夫多吃些亏，干些家务并不是坏事，自己似乎多吃些亏，浪费些时间，但却与太太增进了感情。

反之亦然。一位妻子若只想自己的享乐，从未把帮助丈夫列入自己的计划，下班以后，晚上活动不断，从不在家；如果在家了只是干自己的事，玩自己的，对丈夫不问不管，这样的妻子是够痛快的，但终究会失去丈夫的爱心。妻子要把丈夫的事业视为自己的"终生职业"，这样似乎个人少了一些玩的时间，但收益却是无穷的。糊涂学的情爱之道在于想对方，为对方，看起来吃亏很大，但实际上是吃亏越多，幸福越多。

一个家是由两个人维护的，那么以谁为主？两个人都是有事业的，那么家务由谁来做？家庭生活里这些矛盾是不可回避的。怎么办？

多想对方，少想自己，多作贡献，多作牺牲是最好的办法。

首先，我们看一下如何处理。

婚后夫妻常常面临一个突出的矛盾，即事业和家务之间的冲突。中年夫妻中，这个问题更加尖锐。事业与家务矛盾处理得好不好，直接关系到事业上成败和夫妻关系的稳定与否。

事业与家庭的矛盾主要体现在业余时间的支配上，除了上班和休息时间以外，每天的空闲时间总是有限的。用于家务的时间多了，用于事业的时间必然就少，而事业上的发展是与时间精力的投入成正比例的，家务繁重，势必影响事业的发展。用于事业的时间多，就很难兼顾家务劳动。尤其是双职工家庭，两人都有自己的工作，同时家务又很繁重，事业和家庭的矛盾就更加突出。这个矛盾如

下册｜舍得的艺术

果解决不好，就会给夫妻关系带来麻烦。要妥善处理夫妻间因事业和家务而引起的矛盾，可以在三方面下功夫：

（1）齐头并进

首先是在事业上夫妻共同前进。各自根据自己的兴趣爱好、特长，选定自己的主攻方向，互相支持，携手前进。特别是双职工家庭，夫妻都有自己的工作、事业，实行岗位责任制后，人员有定额，工作要求高，需要不断更新知识，提高业务能力。作为丈夫，要破除"天然中心"的思想，而妻子则要克服自卑心理和依附心理。古今中外在事业上有造诣的人，女性不乏其人，中国古代的蔡文姬、花木兰、李清照，现代的冰心、丁玲、郎平、孙晋芳及居里夫人等等。在事业上，男女是平等的，不存在谁依附谁的问题。如果夫妻在事业上都需要发展提高，那么就要互相配合，予以平等的发展条件。

其次是在家务上齐心协力，密切合作，见缝插针。夫妻都要做到眼勤、手勤、腿勤。其实有些家务活很简单，只要夫妻一起干，很短时间就能料理完，这样既不耽误双方的事业，又能及时做好家务。还能充实生活内容，增进夫妻感情。

（2）保证重点

所谓"保重点"，就是一方甘愿作出自我牺牲，多承担家务，保证配偶集中时间和精力从事于自己的事业。这里首先要解决重点的确定问题。重点并非自封的，也不是某人指定的，而是根据客观需要和夫妻各自的素质、潜能等综合考虑。一般说来，谁的发展前途大，谁急需要更多的时间学习提高，就以谁为重点，所以男女都有可能作为重点。重点确定后，非重点的一方要自觉主动地承担家务，当好配偶的"贤内助"，为其事业成功铺平道路。

当然，非重点的一方也应该积极创造条件，不断提高自己，尽量缩小夫妻间的素质差异，以保持"角色平衡"。

在一对夫妻中，并非重点永远是重点，非重点永远是非重点，两者是可以相互转化的。比如，开始是妻子包下家务，使丈夫读研究生，当丈夫毕业，有了稳定的工作时，妻子又由于工作的需要而外出进行业务进修。遇到这种情况时，丈夫和妻子都要尽快适应这种变化，顺利完成重点与非重点的位置互换，尤其是降为非重点这一方，要努力消除心理上的失落感，挑起家务重担。

（3）简化家务

美国的琼斯夫人在她的《时间的挑战》一书中，强调人们应简化家务，致力于自己的事业。为使人们更好地利用时间，提高工作效率，琼斯夫人提出了一些简化家务的具体措施：去商场购物，外出进餐或去看电影，一定要避开交通高峰期；多留几把备用钥匙，放在易找的地方，当"值日者"失踪时，你可以马上调用"后续部队"；不要试图让任何事情都完美无缺，那只是无益的空想，只要把家收拾得井井有条，窗明几净，令人舒畅就行了；无论是对家人还是客人，饭菜都要简单一些，你不拘礼节，客人就会感到轻松自然。

总之，夫妻双方必须有对共同事业的理解和追求，要相互尊重和体谅对方在事业上的时间投入和精力投入，为对方事业的成功创造条件。

5. 不要只把目光停留在眼前利益

在人生的关键时刻，懂得放弃小利益，不为小恩小惠所动，这绝对是一本万利的。当然，用自己的利益做赌注，即使再小，也不是任何人都愿意去做的，这就要求我们要有长远的眼光，要敢于下注。

刘邦死后，太子刘盈当了皇帝，吕后成了吕太后。吕太后见刘邦死了，就大肆消灭异己。她把戚夫人的手脚砍掉，挖去双眼，灌下毒药，使她变得又聋又哑，然后又把她扔到厕所里，称为"人彘"。朝廷的大权都由吕太后一人把持。

刘盈当皇帝的第二年，齐王刘肥来看望他，刘盈听说哥哥来了，很高兴，就吩咐摆酒招待，并且让哥哥坐在上头，自己在下面作陪。吕太后看了很不高兴：皇帝是至高无上的，怎么能坐在下面呢？于是，她就叫人斟了两杯毒酒递给刘肥，让他给惠帝祝酒，不想惠帝见齐王起身，也跟着站起来，拿过另一杯酒，准备兄弟两人干一杯，吕太后一看很着急，她装作不小心的样子，把刘盈手中的酒撞泼了。刘肥看到这种情形，知道吕太后想置他于死地，所以回到住处后，很害怕。这时一人献计说："太后只有当今皇上和鲁元公主一儿一女，自然对他特别宠爱。如今大王您的封地有70多座城，公主却只有几座城。您要是向太后献出一郡，把它作为公主的领地，太后定会高兴，你也就免除危险了。"

刘肥听后，就照着这位谋士的方法，把自己的封地城阳郡送给了公主。太后

舍得的艺术

果然很高兴，就这样刘肥平安地离开了长安。

刘肥以失去了一座小城的代价，保全了自己，这实在是一种明智的选择。

俗话说，舍不得孩子套不住狼。一些人的目光只会停留在眼前利益，做生意不舍一分一厘，只求自己独吞利益，是一时赚得小利，而失去了长远之大利。可谓是捡了芝麻丢了西瓜。李嘉诚却正好相反，他舍弃了小利，而赢得了大利。

李嘉诚出任10余家公司的董事长或董事。但他把所有的袍金都归入长实公司账上，自己全年只拿5000港元。

这5000港元，还不及20世纪80年代公司一名清洁工的年薪。

以20世纪80年代中期的水平，像长实系这样盈利状况甚佳的大公司主席袍金，一间公司就该有数百万港元。进入20世纪90年代，便递增到1000万港元上下。

李嘉诚多年维持不变，只拿5000港元，按当时的水平，李嘉诚万分之一都没拿到。李嘉诚的经商天才在这里表露无遗。

李嘉诚其实是小利不取，大利不放。甚至可以说是以小利为诱饵钓大鱼。李嘉诚每年放弃数千万元袍金，却获得公司众股东的一致好感。爱屋及乌，自然也信任长实系股票。甚至李嘉诚购入其他公司股票，投资者莫不步其后尘，纷纷购入。

李嘉诚是大股东和大户，得大利的当然是李嘉诚。有众股东的购入，长实系股票被抬高，长实系股值大增。就这样，李嘉诚每次想办大事，总会很容易得到股东大会的支持。

对李嘉诚这样的超级富豪来说，袍金算不得大数。大数是他持有的股份所得到股息的价值。

1994年4月至1995年4月的年度，李嘉诚所持长实、生啤、新工股份，所得年息就共计有12.4亿港元——尚未计他的非经常性收入以及海外股票的价值。

有人说，一般的商家，只能算精明。唯李嘉诚一类的商界超人，才具备经商的智慧。

舍"小"是为谋"大"。这是定则。李嘉诚说过："如果一单生意只有自己赚，而对方一点不赚，这样的生意绝对不能干。"

李嘉诚的意思是，生意人应该利益均占，这样才能保持久远的合作关系。相反，光顾一己之利益，而无视对方的利益，只能是一锤子买卖，自己将生意做断做绝。

6. 弃小私得大私，以小利换大利

管子说："懂得先给予就是为了后获取，吃小亏而占大便宜。"《周书》上说："如果想得到什么利益，必须先有一定的付出。"为什么要这样说呢？

"鹌鹑嗉里寻豌豆，鹭鸶腿上劈精肉，蚊子腹内刳脂油，夺泥燕口，削铁针头，刮金佛面细搜求，无中觅有。"

这是我国古代一首名为《醉太平》的曲子，对贪婪之人心理的写照。真可称得上生动形象，入木三分。

人的欲望是很难完全满足的。因此，我们不能任人的私欲自由放任，甚至用种种不合法的手段去满足自己的私欲。这样的话，只会是贪小失大，适得其反。正如《伊索寓言》所说："有些人因为贪婪，想得到更多的东西，却把现在所有的也失掉了。"

我国古代南朝的古书令王僧达，从小聪明伶俐，但却养成了不检点的毛病。孝武帝即位时，他被提拔为仆射，位居孝武帝的两个心腹大臣之上。王僧达也因此更加自负，以为自己在当朝臣子中无人能及。在朝时间不长，他就开始觊觎宰相的位置，并时时流露出这一情绪。谁知，事与愿违，就在他踌躇满志之时，却被降职为护军。此时，他没有省悟，仍惦记着做官，并多次请求到外地任职。这又惹怒了皇上，被再次削降职位。此次，他因羞耻而生怒气，对朝政看不顺眼，所上奏折，言辞激昂，终于被人诬为串通谋反而赐死。

王僧达的死，坏就坏在其贪心上。因为，按照他的年龄、资历、辈分，没几年就升到重要的仆射一职，已属不易了。也许是太顺当了，也许是他升得太快了，于是使他想入非非，以为"一人之下，万人之上"的宰相非他莫属了，并且易如探囊取物。岂料，事情的发展有许多是不以人的意志为转移的。于是，一个筋斗使他从云雾中翻滚下来，真正遭到灭顶之灾。所以可以这样说，是追名逐利的贪心送了王僧达的性命。

《老子》第四十六章说："祸莫大于不知足，咎莫大于欲得。"意思是说，

下辑｜舍得的艺术

祸患没有比不知足更大的了；过错，知足会引人进入没有止境的求利之路，而没有止境的追求利益、贪婪物欲，恰恰会得到损失利益的结果。

老子道家学说的继承人庄子，对先哲的思想有着深刻的体会。在庄子看来，无私是人的立身之本。一个人有了私欲，就会利欲熏心。利欲熏心就会迷惑自己的心志，自己的心志一旦被迷惑住了，那就连自己的生命都难以保住，至于事业、生活，那就更谈不上了。这就是利令智昏的结果。

庄子把利欲熏心比喻为眼观浊水，而把心境淡泊比喻为处于清渊。他认为，人一旦观于浊水，就会忘记清渊，而这种利令智昏，也就失去了人的纯洁本性，最后必定要遭殃。《庄子·山木》篇中，就讲了一个"观于浊水忘清渊"的故事。故事说：

庄子在一个名为雕陵的栗园里面游玩，突然从南面飞来一只奇特的大鸟。只见这只鸟翅膀有7尺长，眼睛有1寸大，翅膀擦着庄子的额头飞过，但其并没有感觉到庄子的存在，最后径直落在栗林之中。

庄子心里想："这是什么鸟呀？长这么大的翅膀却不远飞，长这么大眼睛却看不见人？"于是，他撩起衣服，加快了脚步，赶到栗林之中，并拿出弹弓，准备将这大鸟打下来。

到了大鸟的眼前，庄子终于明白了。原来大鸟之所以不远飞而仅飞到这里，之所以睁着一对大眼睛而看不见他，其目的是为了捕捉一只螳螂。

庄子再一仔细观察，见栗林中还有一只蝉，正借着栗树的树荫，在那里美滋滋的休息。可是，正因为它找到了一个好的休息处所，只顾了享受，忘记了自己处境的危险，没有预料到在它的附近，已经有一只螳螂向它伸出了双爪，并在瞬间捉住了它。

具有戏剧色彩的是，这只螳螂由于捉住了蝉后得意非凡，却忘记了隐蔽自己的身体，被大鸟在空中飞过时发现，于是，大鸟俯冲下来要啄食它。而正因为这只大鸟专注于要啄食那只螳螂，结果连庄子这么大一个人也没有看见，以至于当庄子用弹弓要打它的时候，它还全然不知自己已经到了危险的关头。

看到这种情形，庄子很是感叹。他深为这几只小动物悲哀，觉得它们太不懂得生命的轻重了。为了眼前的些许利益，而忘记了上天给它们的自然生命，忘却了贪恋眼前利益对自己的生命可能带来的危害。同时，庄子感到自己也陷入了这种悲剧性的境地。为了捉住那只大鸟，他也忘记了对自己生命的警戒。说不定此时自己也成了谁的猎物呢！

想到这里，庄子吓得出了一身冷汗。他赶忙扔掉弹弓，扭头就往回跑。果然不出他所料。刚才守园子的人见他急匆匆地往栗林中钻，以为他是偷栗子的，正拿着东西要捉他。现见他慌忙往园外跑，便在后面追着骂他。

经过这一次经历，庄子3个月都没有到庭院中去散步。

一天，庄子的弟子蔺且问庄子："先生为什么这么久都不到庭院中去走一走？"

庄子回答说："我为了得到大鸟的形体而忘记了自己的身体，这就像是见到了浊水而忘记了清水一样。况且，我的先生曾经教导我，到了哪里就要遵从哪里的规矩，可是我进了雕陵栗园却忘了自己身处的危险，只顾要弄清楚那只大鸟为什么擦着我的额头看不见我的原委，却忘记了自己身处栗林之中，违犯了栗园的规矩，由此遭到了园吏的追逐和辱骂。回来后，我一直在反省自己，所以没有心思到庭院中去。"

《庄子》记载的这个故事，的确发人深省。大鸟的眼睛有一寸大，可是就没有看见它擦额而过的庄子，为什么？因为捕捉螳螂的欲望遮蔽了它的眼睛。庄子在栗园中游玩，可是忘记了栗园的规矩，钻入了栗林之中，看不见正在捕捉他的园吏，为什么？因为捕捉大鸟的欲望迷惑了他的心。蝉、螳螂与大鸟、庄子一样，都陷入了物欲的迷茫之中，不能自拔。由此可见，物欲对人心的迷惑作用是多么巨大。人们一旦被物欲所迷惑，就会什么也不顾，甚至会连自己最宝贵的生命都会置之脑后，至于家庭、亲朋、事业，这一切的一切，就更不值得一提了。

正因为这样，庄子告诫人们，一定要牢牢记住自己的根本，牢牢记住自己的本体，不要陷入那浊水之中，而忘却了自己本来具有的纯洁清渊。否则的话，就会导致身败命丧。

7. 与人为善是一种崇高的道德修养

孟子说："君子莫大乎与人为善。"（《孟子·公孙丑》）与人为善是一种崇高的道德修养，我国人民历来把它视为君子美德。

与人为善的道理很简单，做起来却并非易事。还是让我们来看看吕不韦如何为人处世，如何登上权力之巅的。他的故事将印证"与人为善"的重要性。

吕不韦是卫国濮阳人，出生在一个珠宝商人家庭。成年以后，吕不韦奔走于各国，经营珠宝。后来他到了韩国，成为阳翟"家累千金"的巨富。

秦昭王四十二年（公元前265年），吕不韦经商来到赵国都城邯郸，巧遇秦国公子异人（后改名子楚）。吕不韦觉得异人将是有用之人。异人是秦国安国君之子、秦昭王之孙，安国君此时已被确定为太子。安国君有20多个儿子，异人不是长子，他的生母夏姬也不受安国君宠爱。异人在赵国当人质，秦赵经常发生战争，异人在赵国处境危险，饱受赵国人白眼，他的日用起居车辆都很简陋，确实是个落难公子，注定将来没什么大出息。

吕不韦依据生意经上的"人弃我取"原则，认为异人是个奇货可居的对象，是一个可以收买并进行政治投机的对象，而关键在于重新塑造异人的形象，巩固异人的地位，才可以有用。

吕不韦特地拜访异人，谦虚的客套一番后，说："我能叫你飞黄腾达，身价百倍。"异人认为吕不韦开玩笑，便也以玩笑态度说："你还是自己去抬高身价，然后再来帮助我吧！"吕不韦说："你不知道，只有使你先发达了，我才能发达。"两人一来一往的对答，异人明白了吕不韦话中有话，便请他坐下来畅谈。吕不韦说："秦王老了，安国君做了太子。听说你父亲安国君最宠爱华阳夫人，只有华阳夫人能立继承人，可她又没有儿子。你们兄弟二十多人，你排行中间，又不受宠爱，长时间在赵国做人质。即便你祖父秦王死了，你父亲安国君做了秦王，你也没有希望同你的那些兄弟争立太子。"异人说："你分析得很有道理。你有什么高招呢？"吕不韦说："你现在很困难，景况不妙。你客居此地，没有什么东西可以孝敬长辈与结交宾客。我虽不富裕，但可以拿出千金，西游秦国，走走门路，讨好安国君和华阳夫人，让他们立你为继承人。"异人听了喜出望外，叩头便拜，发誓说："如果实现了你说的计划，我愿意同你共享秦国。"

吕不韦当场拿出五百黄金，送给异人，让他广结宾客。随后吕不韦开始实行他的计划，又花五百黄金，购买了一批奇珍异宝，自己带着它们前往咸阳。

吕不韦设法见到了华阳夫人的姐姐，通过她把宝物献给华阳夫人。吕不韦又在华阳夫人面前大夸异人在赵国如何贤明，如何广交宾客，并且特别强调异人日夜思念太子和夫人，一提到太子和夫人就眼中流泪。华阳夫人被打动了，对异人产生了好印象。

吕不韦又让华阳夫人的姐姐说动华阳夫人，预先准备了一套说辞，针对华阳夫人的心病，层层深入。华阳夫人的姐姐劝说华阳夫人："我听说，女人靠姿色得宠，到了红颜衰残时，受到的宠爱就会淡薄。只有趁受宠之时，确立自己的儿子为王位继承人，即使丈夫去世之后，自己也不会失势。现在夫人侍奉太子，非常受宠，可惜没有儿子。何不趁机在众位公子中物色一个既能干又孝顺的立为继承人，并认他为儿子呢？这样，你丈夫在世时，你受到尊重，万一丈夫死后，你认的儿子继位为王，你终生也不会失去权势。如果不抓住目前你受宠的时机奠定牢固的基础，等到宠衰色褪时，即使你想说一句话，恐怕也没人听你的了。现在异人本事大，而且他知道自己排行居中，照常例是不能立为继承人的，他的生母又不受宠爱，现在他主动来投靠夫人，你如果立他为继承人，他会感激不尽，夫人你在秦国的地位便永远不会动摇，你一辈子都能在秦国受到尊重。"华阳夫人被说动了。

华阳夫人侍候太子安国君时，便主动提出让异人做继承人。她流着泪说："我有幸能到后宫充数，不幸没有儿子。希望能把异人立为继承人，让我将来有个依靠。"安国君答应了华阳夫人的请求，与她刻玉符为凭证，立异人为继承人。安国君和华阳夫人不断送钱财给异人，并聘请吕不韦任异人的老师。

异人回到秦国去见华阳夫人时，吕不韦知道华阳夫人原籍楚国，便让异人穿楚服进见。华阳夫人见了异人非常高兴。当场让他改名为子楚。不久，子楚作为安国君的继承人这个消息便在诸侯国中传开了。

吕不韦在邯郸养了一个美貌的歌舞姬，这个女人已经怀孕。一天，子楚到吕不韦家喝酒，见到她后，便向吕不韦敬酒，要求吕不韦割爱。吕不韦把她送给子楚。子楚把她立为正夫人，秦昭王四十一年（公元前259年），这个女人生下一子，取名政，他便是后来的秦始皇。

秦昭王五十五年，秦赵关系紧张，赵国想杀掉子楚。子楚和吕不韦商量，用五百黄金贿赂看管子楚的官吏。子楚逃进秦军中，回到秦国。次年，秦昭王死，安国君继位为王，华阳夫人当了王后，子楚成为太子。

秦孝文王元年（公元前250年），安国君登上王位刚三天就死了，子楚继

· 189 ·

下辑｜舍得的艺术

位，他被称为秦庄襄王。按照子楚与吕不韦当初的契约，吕不韦任丞相，封为文信侯，拥有河南十万户食邑。

秦庄襄王在位三年就死了，由其子嬴政即位为王，即秦始皇。嬴政尊奉吕不韦为相国，号称仲父。从秦庄襄王即位到嬴政22岁亲政以前，秦国的军政大权一直掌握在吕不韦手中。

吕不韦由一个普通的商人而跻身于权力顶峰，在这里面有许多因素，而最关键的一点却是他帮助了秦国落难公子异人。异人返秦后继承了王位，反过来回报了吕不韦。尽管吕不韦当初帮助异人，纯粹是出于政治投机，但其客观效果却不能否定。要不然，富商千千万万，却极少有人能像吕不韦这样纵横驰骋政坛。

吕不韦因帮异人，两任秦国丞相，主持朝政，在政治、经济、军事、思想方面为秦统一中国准备了有利条件，打下了基础。他的这种为人处世是成功的，特别是就他个人来说。现在的人们如果也能够如吕不韦那样，用独特的眼光、独特的手段去帮助独特的人，也会有收获的。

亲和疏是人际关系中无时不有的矛盾。从某种意义上说，人的一生就是纠缠在各种各样的亲疏关系的矛盾之中。辩证地协调好各种关系，你就会生活愉快，工作顺利。反之则矛盾重重，大小瓜葛，种种纠纷，冤冤相报。

在亲疏关系上，糊涂学的观点是要做到顺其自然。首先要确定亲疏标准，而后视其情况，当亲则亲，当疏则疏，不要着意于在人际关系中谋求点什么。换句话说就是不要太功利了。古人择友极重投契，今人的处世观念与古人当然有了很大的变化，但是交友重诚重真，注重道义相规、忠难相助，注重择贤而从的精神，即使在今天也是值得推崇的。以利害为基础的友谊不可能长久，欲得反失。"有心栽花花不活，无心插柳柳成荫"讲的也是这个道理。

经典小测试：你的克制力有多强
测试攻略

测试意义：★★★★

准确指数：★★★

测试时间：15分钟

测试搭档：朋友、同事。

测试情景

人与动物的区别最重要的一点就是人有克制力，这种克制力大大超出了动物的本性。而在很多时候，人与人的差别，正是体现在克制力上。

测试问答

1. 当你正要去上班时，你的朋友打来电话，让你帮助他解决心中的苦闷，你怎么做？

    A.耐心地听，宁可迟到。

    B.在电话中禁不住埋怨道："喂，你知道我必须去上班呀！"

    C.告诉他你愿意听他说，不过迟到要受到批评，可能还要扣钱。

    D.向他解释上班要迟到了，不过答应他午饭时间打电话给他。

2. 在星期天，你忙了一整天把房间打扫干净，可是你的爱人一回家就问饭有没有准备好，你怎么办？

    A.虽然你心里想出去吃饭，但是仍然很勉强地煮了这顿晚饭，然后责怪他太不体贴人。

    B.大发雷霆，命令他自己煮饭。

    C.气得当晚不吃饭。

    D.对他说："我实在疲倦，我们到外面吃饭吧。"。

3. 中午感觉肚子非常饿，一下班就在餐厅里要了一份盒饭，但是菜的味道太咸，你怎么办？

    A.向同桌的人发牢骚。

    B.破口大骂，粗鲁地责备厨师无用。

    C.默默地吃下去，然后把碗筷搞得乱七八糟。

    D.平静地告诉服务员，然后吃下去。

4. 你的朋友向你借新买的录音机，而你自己尚未好好用过，你怎么办？

    A.借给他，但是满腹牢骚。

    B.提醒他有一次你向他借，他不肯借，当时你的心情如何。

    C.骗他说已经借给别人了。

    D.告诉他你想先用一个星期，然后再借给他。

下辑一舍得的艺术

5. 你辛苦了一天，自以为对今天的工作相当满意，却不料你的领导却大为不满，你怎么办？

　　A.不耐烦地听他埋怨，心中满是委屈，但不作声。

　　B.拂袖而去，认为自己不应该受委屈。

　　C.把责任推向他人。

　　D.注意自己做得不够的地方，以便今后改正。

6. 在影剧院里不准吸烟的，但你邻座的人偏偏吸烟。正好，你是比较讨厌烟味的，你应该怎么办？

　　A.很反感，希望其他人会向这个人提意见。

　　B.大叫吸烟是令人讨厌的习惯，并声言要叫服务员来干涉。

　　C.用手捂住脸部，露出一副不赞同的样子。

　　D.问此人是否知道影剧院是不准吸烟的，并指给他看"严禁吸烟"的牌子。

7. 一位热情的售货员没完没了想使你买到满意的东西，介绍给你很多的产品，但你都不满意，你怎么办？

　　A.买一件你并不想买的东西。

　　B.粗鲁地说这些产品的质量不好。

　　C.向他道歉，说是你的朋友托你给他买东西，不能买朋友不喜欢的东西。

　　D.说一声谢谢，然后离去。

8. 你的爱人说你最近胖了，你怎么办？

　　A.偏偏吃得更多一些。

　　B.回敬他几句，不要他管闲事。

　　C.告诉他如果他少买一些鸡蛋、肉，你就不会增肥了。

　　D.认真对待这个问题，开始减肥。

测试解析

评分标准：选择答案多数为A，属于A型；选择答案多数为B，属于B型；选择答案多数为C，属于C型；选择答案多数为D，属于D型。

A型：过分有克制力。

你是个非常有克制力的人，但有时你过于委曲求全，对一切事情总习惯采取消极被动的态度，对任何心存异议的事都放弃发表意见。所以，你应该尽快学会让自己快乐。适时地张扬一下个性，对你是很有必要的。

B型：克制能力较差。

你几乎是个"好战分子"，克制能力比较差，往往一件小事都会让你暴跳如雷。实际生活中，你在表面看来似乎很有权威，但在身后却可能有不少人在抱怨，甚至憎恨你。

C型：比较有克制力。

你比较有克制能力，善于隐藏心中的好战情绪，而以相对缓和的方式处理日常矛盾。只是有时表现得心机过重，不够坦率，让人不能完全理解和信任。

D型：非常优秀。

在控制力方面，你无疑是很优秀的，且张弛有度。你完全清楚如何安排自己的生活。你真诚坦率、尊重他人，这些都让你有不错的人际关系。

测试点拨

歌德说："谁不能克制自己，他就永远是个奴隶。"在我们的生活中，学会善于克制自己，才有可能走向成功，拥有完美无憾的人生。而克制不住激情和欲望的魔力，被它们所牵制，扬其波逐其流，就难以成就事业，甚至走向自取灭亡的可悲境地。但是有些时候，不能让自己的克制变成了消极被动的态度。

第六章　忘得了才能看得开——舍得情

当爱已远去，放弃和放手都是最好的选择。因为无法忘却曾经有过的美好，无法相信现实，而让更多的痛苦压在自己的肩上、心上。让自己和对方一起痛苦，究竟是否惩罚了对方也许还是未知数，但是自己绝对是被惩罚最重的一个。因为你剥夺了自己重新享受快乐和幸福的权利。

1. 天下没有不散的宴席

爱情，几乎是一个接近完美的字眼，是一个古老而永恒的话题。爱情是生活的调味剂，是情感的必需品。爱情有时像金刚石一样坚不可摧，有时却像个玻璃一样脆弱易碎。不管爱情到底是什么，它总会在你蠢蠢欲动的等待后或者漫不经心的日子里姗姗而来。

爱情可以让人创造奇迹，也会给人带来无尽的痛苦。只要我们正确对待爱情，那么它永远是甜蜜的。

正所谓"天下没有不散的宴席"。当爱情走到尽头的时候，与其不死不活的拖着，还不如痛痛快快的分手。

有这样一个真实而令人深思的实例：

一对夫妇，丈夫8次提出离婚要求，而妻子就是死活不离。在法院判决中，女方总是胜诉，就这样一直拖了29年。29年的岁月过去了，这位妇女的青春年华在拖延不决中消失了，乌黑的头发已成白发，红润的脸颊变黄了，刻上了一道道岁月的伤痕，身体也被折磨得满身病痛。

在妻子的坚持下，婚姻仍然存在，然而爱情早已荡然无存。她失去了幸福的家庭，失去了自己的青春，失去了健康的身体，也失去了再婚的机会，孩子也没有因此追回父爱。

到最后，法院还是判离了。离婚后不到两年，这位不幸的妇女就因病情加重而离开了人世。

爱情全仗缘分，缘来缘去，不一定需要追究谁对谁错。爱与不爱又有谁可以说得清？当爱着的时候只管尽情地去爱，当爱失去的时候，就潇洒地挥一挥手吧。人生短短几十年而已，自己的命运把握在自己手中，没必要在乎得与失、拥有与放弃、热恋与分离。

雨果17岁那年，与门当户对、年轻貌美的阿黛·富谢订婚，20岁两人结婚。阿黛是个画家，为雨果生了3男2女。这本应是个幸福的家庭，可是婚后的第10年，阿黛突然另结新欢，追随一位作家而去。这使雨果十分痛苦，又备受打击。次年，他结识了女演员朱丽叶·德鲁埃，两人坠入爱河，才使他那颗伤痛的心得到抚慰。

阿黛离开雨果后，生活并不幸福，经济一度很拮据，几乎到了举步维艰的地步。一次，她精心制作了一只镶有雨果、拉马丁、小仲马和乔治·桑4位作家姓名的木盒，到街头出售，可是因为要价太高，很多天无人问津。一天，雨果从那儿经过看见了，就托人过去悄悄地买下来。这只木盒目前仍陈列在巴黎雨果故居展览馆里。

爱是无私的，经过了一段忧伤的岁月之后，雨果将怨恨化作了一种内心的安宁，这种安宁也就变成了一种高层次的美。然而有些人，却会在感情破裂以后，相互怨恨、指责谩骂，甚至大打出手，采取野蛮的报复手段。这些都是极不理智的行为，甚至可以说成是对爱的亵渎。

当爱情真正离你远去的时候，也不必太悲伤。要时刻铭记，人的生命中还有很多宝贵的东西，比如说你的梦想。爱情的破裂不应该夺取梦想的绚丽色彩，相反，你应该投注更多的热情在你的梦想之中，这样不仅可以转移你的注意力，更重要的是可以让你发现自己真正的价值。

2. 放手，让爱的人走

一个卷入婚外恋多年的女子，迟迟不能走出这个其实对她来说已经是苦远多于甜的关系。她说："我忘不了那些他曾经给过我的浪漫、深刻的爱的感觉。"

另一个女人的男朋友感情出轨多次，尽管痛苦她却始终不愿分手。她说："和他在一起这么多年了，要分手，我不甘心！"

当爱已远走，放弃和放手都是最好的选择。因为无法忘却曾经有过的美好，无法相信现实，而让更多的痛苦压在自己的肩上、心上。让自己和对方一起痛苦，究竟是否惩罚了对方也许还是未知数，但是自己绝对是被惩罚最重的一个。因为你剥夺了自己重新享受快乐和幸福的权利。

放手，让爱的人走，并不是一件容易的事。但是，这却是唯一的良药。否则，我们就会处在无休止的痛苦、气愤和沮丧之中。

所谓放弃和放手的艺术，并不单单在爱情消逝的时候适用。事实上，当爱情还在的时候，就懂得放手的道理，往往是更积极的治本方法。

从小到大，在每一段关系里，我们都是在寻找着一方面与人联结、一方面与自己联结的双向路线。也就是说尽管再亲密，我们也需要拥有自己的空间。亲子关系、家人关系、朋友关系都如此，爱情关系当然也不例外。如果失去了这样的空间，我们很快就会觉得被束缚，觉得窒息，觉得痛苦。

因此，当爱还在的时候，懂得适当放手，给爱一个空间，就是一件很重要的事情。其实，如果仔细而深入地思考一下，如果我们在爱时仅仅要求双方黏在一起，往往是因为害怕，因为缺乏安全感、因为嫉妒，因为要把自己生命的责任和重量交在对方身上，而不是因为爱。

放手，给爱以空间，就像纪伯伦在《先知》中所说的，"在你们的密切结合之中保留些空间吧，好让天堂的风在你们之间舞蹈。彼此相爱，却不要使爱成为枷锁，让它就像在你们俩灵魂之间自由流动的海水"。

有一个词叫"全身进退"，大概意思是指人不论在什么情况下，都能在付出的时候全心全意地投入进去，在离开的时候毫无牵挂地抽身而去。古人都知道"吾不能学太上之忘情"，在真正的生活中，这种全身进退的理想状态，不知道有几个人能做得到。

现实的情况是，我们往往在付出的时候不够彻底，总是有这样那样的顾虑，担心别人的看法，担心自己的眼光，担心现实里的矛盾，甚至担心一个无足轻重的细节的完美度。时间一分一秒过去了，百分之百的热情似乎总没有像内心期待的那样出现过，它们都被消耗在了各种各样的顾虑里。所以到了最后，我们只能矜持的微笑，节制的用情，吝惜的计算。

我们也往往在离开的时候，不能够潇洒的掉头就走，而是一顾三叹，余情未了，在决定离开的第一秒钟里就开始痛恨或后悔。甚至是在以为自己早已全身而退的时候，却在一个似曾相识的地方和时刻不可阻挡地想起那个人、那件事，然后像被杀伤性武器击中，心痛得泪流满面、心碎难当。

有人说爱的反面其实不是恨，而是淡漠。这真是一句真理。爱一个人的时候，情感都是激昂的。他关心你，你便想以十倍百倍的爱去关心他；他拥抱你，你便想以更多更有力的拥抱去回应他；哪怕是他犯了什么错有了什么失误，让你对他恨得牙痒痒，你也会想用尽全力狠狠地去揍他，掐他，打他。反正无论如何，你都绝不会无动于衷地不理他。

除非是爱到殚精竭虑，爱到心灰意冷，爱到彻底绝望，心中已经不再有灿烂的火花，甚至连那些燃烧过后的草木灰的温度也没有。这种时候，想不淡漠都难。从此对他形同陌路，对他的一切也不再有任何的回应。没有余恨，没有深情，更没有心思和气力再做哪怕多一点的纠缠，所有剩下的，都只是无谓。有一天当你发现对于过去的一切都不再在乎，它们对你都变得无所谓的时候，爱肯定也就消失了。

所以你要知道，恨你，是因为爱你；淡漠你，是因为不再想记起你。

3. 强扭的瓜不甜

有人曾经给爱情下过这样的定义："爱，就是他爱你的时候你爱他，他不爱你的前一分钟你不爱他。"

在不同的环境中，人类的情感，是变幻无常的，我们今天所爱的，往往是我们明天所恨的；我们今天追求的，往往是我们明天所逃避的；我们今天所企望的，往往是我们明天所害怕的，甚至是胆战心惊的。因此，在某些不可能的或是不易把握的情况下，我们该放手时要学会大胆地放手。

生命中为什么不能抛开和牺牲一些东西，而去获得另一些永恒呢？

就好比说，一个人不选择你而选择另一个人，会后悔一辈子。其他的东西都可以抛弃，我想这是不现实的。

如果我们放弃的和想得到的都是好东西，怎么办？那是因为我们太贪心。人的本质是贪心的，贪心常常蒙蔽真心。世界上不会有那么好的事，我们往往只能在某一时刻选择一样东西。

有一句老话，"有所得必有所失"，也许这样才符合能量守恒的道理，才能显出上帝的公平。

其实，在生活中当你选择留给对方一个不再回头的背影，并不代表自己不想和对方永远缠绵拥抱；选择退出一个和对方厮守到老的结局，也不代表心里不想和对方一起实现这个梦想。

情感的贫乏是生命最可怕的欠缺，蓬勃的生命活力需要情感的滋养，而充沛的情感来自生活的挑战和刺激。没有生活的磨难，没有痛苦的体验，情感世界必然单调、贫乏，而只能有苍白的人生。

人类的美好情感是全人类共享的生活资源，是取之不尽、用之不竭的神奇资源，不要担心会枯竭。

苦难的生活，磨炼净化人的心灵，使情感得以升华，也使你真正懂得了什么是痛苦，什么是幸福的意义。经过痛苦的体验，你才能体验到解除痛苦的欢乐和幸福。

爱，是相爱的两个人的幸福结合。在相爱的那一瞬间，谁都不会想到，也许有一天这段美好的爱情也会走到尽头。但是俗话说得好，"强扭的瓜不甜"。爱情正是如此，相爱的时候它甜如蜜。但是一旦有一方觉得不合适的时候，它就会在瞬间变质成一颗难以下咽的苦瓜，苦了双方。此时，你如果依然不懂得放手，那么每天都将一口一口地咀嚼这爱情的苦瓜。

所以说，人生永远处在得失之间。得到的同时失去，却在失去的同时也得到别样的幸福。做任何事都不可能是十全十美的，何况是最复杂的情感呢？情感上的一次放手，说不定就成就了某个时期一段更加美好的爱情。

4. 给彼此一些私人空间

握得越紧，手上的沙子流失得越快。夫妻之间也是一样，要让彼此有一个自由的空间，那会使你的婚姻生活更加完美。

实际上，许多人都有过这样共同的体验——距离产生美。人若长期接触同一事物、同一工作，就会产生疲劳感。即使是一首很美妙的音乐、一幅很美的图画，如果您每天听、反复看，原先的美感也会逐渐消失。同样，如果婚姻生活每天重复着同样毫无变化的日子，两人天天黏在一块，彼此就会产生厌倦。所以，不要时刻黏在一块，适当的保持一段距离，对两人的感情历久弥新是很有补益的。

很多婚姻出现问题，甚至最终导致离婚，并不是因为第三者等外部因素，而是夫妻双方自身的问题。有不少这样的女子，她们对丈夫一向奉行"高压和管理政策"。她们不甘心平淡，希望丈夫成为人上人，于是想方设法、旁敲侧击地施压，给对方很大压力。

张娣太爱自己的丈夫了，望夫成龙，同时还想牢牢地抓住丈夫。她为了支持丈夫的事业，放弃了自己的工作，使自己失去事业依托，而丈夫事业有成后，她更是将人生所有的重心和希望都寄托于婚姻。然而因为过分地干涉彼此的空间，她越想抓牢婚姻就越是抓不牢，可以说正是这种心态导致了她情感上的失败。

一般情况下，在丈夫真正成功之后，女人往往自己还在原地踏步，于是有了危机感，拼命想"抓紧"婚姻，比如干涉丈夫的生活，除了管生活小事，还要管他的钱包，查看他的短信，就连对方的工作都恨不得插一手。管来管去两个人的感情越来越糟。可是她们往往意识不到自己有什么问题，反而觉得理所应当。她们认为自己为这个家、为对方付出了一切，当然应该享受这个婚姻，享受到丈夫更多的爱。更可怕的是她们因为对自己缺乏信心，害怕失去对方便无休止的怀疑和猜忌。

可是，她们忘了，她们的爱已经成为一种沉重的枷锁，套在了男人的身上，对方已经感觉不到一丝爱的甜蜜。其实，看重婚姻本没有什么错，只是当你越想牢牢地掌控婚姻、拴住男人的时候，那婚姻却越容易出现危机。

婚姻中的男女，应该是独立的个体，拥有自由的私人空间，拥有自己的朋友、自己的爱好、自己的事业，不能因过分依附于对方，而失去自我。在感性的爱情里也不要忘记留存一点理性的生活空间，不要试图去主宰什么，因为这世上没有任何一个人愿意成为他人的傀儡。有一个小故事很好地说明了这个道理：

一个女孩问她的母亲："在婚姻里，我应该怎样把握爱情呢？"母亲没说什么，只是找来一把沙，递到女儿面前。女儿看见那捧沙在母亲的手里，没有一点流失。接着母亲开始用力将双手握紧，沙子纷纷从她指缝间泻落，握得越紧，落得越多。待母亲再把手张开，沙子已所剩无几。女孩看到这里，终于领悟了。

婚姻的道理与此相似。要想让婚姻长久、美满、幸福，那就不要每天"盯着""看着""防着""握着"，恰恰是别把婚姻"抓"得太紧！夫妻间有所保留，这不能视之为对爱情的不忠，这是一种夫妻相处的艺术。夫妻就像两只相互依靠彼此取暖的刺猬，远了，温暖不到对方；近了，会被对方身上的刺扎到。一次次冲突之后，才能慢慢调整距离。

某一天的早晨，孟先生在临出门之前，突然说，今天和朋友出游。以往去哪里，孟太太不多过问，他也会随口告诉她。可这一次，孟先生招呼不打一声就宣布出门，她有些生气。出游这件事，一定是事先约好的，至少前一天就约好了，他为什么不说一声？他还有多少事瞒她？孟太太心里不悦，拦着让孟先生说清楚。孟先生心里着急，嚷嚷了道："我的吃喝拉撒睡，是不是都得给你汇报？"然后摔门而去。

孟太太开始赌气，在接下来的好几天里，不管是晚回家、和朋友吃饭，还是去娘家，一概不告诉孟先生，也闭口不问他的一切事情。孟先生终于忍不住了，跟太太说："我现在才知道，你丝毫不在意我。是吗？"

"你不是说吃喝拉撒睡都不用向我汇报吗？"孟太太狡猾一笑。孟先生一愣，也笑了起来。此后，孟先生有事外出都会先说一声，让孟太太放心。

我们和朋友一起吃饭，大家点菜总是以合适为原则，宁可少一点欠着一点，但是感觉舒服，胃有空间心灵才有空间。同样，对待感情，夫妻之间的要求也是半饱为好，彼此都有空间才不会那样局促无奈。不过，空间的距离很好测量，心理的距离却难以把握。爱情的安全线，恰恰是看不见、摸不着的心理距离。有些时候，真的就是这样，夫妻双方因为爱而彼此走近，近得恨不能不分你我。于是走进婚姻，长相厮守。此后，彼此的距离慢慢地在不知不觉中一点点拉开，亲密有间。

给彼此一些空间。不要以为走进了婚姻就是走进了坟墓，夫妻双方都有自己的生活圈子，自己的爱好，偶尔出去放放风也未尝不可。这样不至于两个人天天拴在一起，熟悉得产生陌生感，无话可说。距离产生美，婚姻生活也需要距离来为它保鲜。

5. 不要把偶像当情人

女人总是向往被人呵护、宠爱的感情，因此，一般的女性都更容易爱上比自己强的男人，都想要有一个能包容自己、照顾自己的爱人。女人心中都有一个理想的梦中情人，什么困难到了他手中都是小菜一碟，不费吹灰之力就解决掉了，在自己遇到危险的时候他总是在最关键的时机出现，像一个英雄那样力挽狂澜。虽然女人也很理智的知道这不过是个童话故事，但还是不由自主地在追寻着这样的男主角。

虽然崇拜容易变成爱情，但毕竟不是同一种感情。只是这两种感情有时候又很难分清，感情总是最复杂的，女人往往会把自己崇拜对方的感觉，错误地定位为爱恋，而茫茫然一头扎进去，结果却发现这并不是真正的爱情。

花工作之余很喜欢上网聊天，和其中一个叫作磊的网友聊得最开心。他是一家大建筑公司的总设计师，声音非常具有磁性，普通话说得像播音员一样标准，文学功底深厚，读的书很多。花看到他发过来的以前写的诗歌和文章，那么优美流畅，为他的才气惊叹不已。花于是开始了和他的网恋故事。花很喜欢这种感觉，她觉得网恋带给人的魅力在于，让人回到了年轻时浪漫的心态，总是有一种期望，就像《周渔的火车》里的周渔一样，始终处于一种寻寻觅觅的状态之中。所以尽管磊已经很多次向她提出了见面的要求，可是花还是没有同意。

磊是一个健谈的人，和他聊天的时候，花觉得自己就像一个无知的女孩，慢慢地，花觉得自己也许已经爱上了他，他的一切都令花十分迷恋。于是他们终于见面了，磊的样子和想象中差不多，但是花在面对真实的磊时却觉得没有了那份特殊的感觉。花突然想起大学时班里最优秀的那个男生，那是花追逐的目标。在

下辑 舍得的艺术

一起参加完学校的辩论赛后，花和他成了好朋友，以前那种崇拜的感觉被一种英雄相惜的感觉代替了。花觉得，现在的自己似乎遇上了同样的心情，以前的那种缥缈的爱恋不过是种崇拜感，现在已如同往事。

其实，像花一样，即使一时间把崇拜当作爱恋，在理智的思考后，聪明的女人也可以辨别两者的区别。爱情与崇拜的区别就是：爱情就是当你知道他不是你崇拜的人，而且明白他还存在着种种缺点时，却依然选择了他，不曾因为他的缺点和弱点而抛弃他。

女人很容易爱上自己崇拜的人，但不会爱上自己崇拜的每一个人。在同一时间段，崇拜的人可以有很多，但爱的人只会有一个。崇拜是对自己梦想的向往，因为他做到了你想做却没有做到的，所以你崇拜他。在你的眼中，他是完美的，就像神一样永远不可赶超的地位，你敬畏他，又渴望接近他。而爱情是两个人之间平等的对话，爱一个人，在期待他的关心时，你也会想照顾他。就像有人说的，爱情是你明知他穿得像个土老帽，还愿意和他出去示众；是你鄙视商人而他偏偏是个可爱的小商贾；是你素有洁癖却甘愿为他洗油腻腻的饭盒和脏兮兮的球鞋。

心态成熟的人更不容易被这种感情迷惑。所以，如果你觉得自己也许爱上了一个人，先冷静下来，理智地想一想，自己到底是崇拜他还是真的爱上他了。如果等以后再醒悟这不是爱情，那就太对不起自己的感情了。

童筱第一次参加公司聚会时看着别的女同事花枝招展的样子，觉得自己打扮得真是逊毙了，手忙脚乱中居然又把饮料洒到顶头上司雷的浅色西服上。童筱诚惶诚恐地准备挨批，却意外听到安慰的话。从此，童筱开始注意这个上司的一举一动。雷是一个十分受人欢迎的人，年轻有为，从来不摆领导的架子，工作起来认真负责。在他的带领下，童筱他们一组在公司里总是表现最优秀的团队。熟悉起来后，童筱告诉雷他就是自己的偶像，要把他当作学习的榜样，雷笑着说一定会好好教她。雷没有食言，每次童筱遇到问题他都会很耐心地帮助她解决，还教会她很多处理人际关系的技巧。

公司里慢慢地传出了童筱和雷的绯闻，有要好的女同事也旁敲侧击地打探过他们之间的进展。但是童筱很清楚，自己只是崇拜雷，但没有爱上他。童筱知道谣言的危害，于是开始注意不要和雷走得太亲密。雷却突然向她表白了自己的爱意，而童筱想了很久之后还是拒绝了。好友问她，童筱回答，崇拜不是爱情，爱他才会想嫁给他，崇拜他却不会。

女人如果嫁给了自己的偶像，很容易会陷入迷失自我的状态中去——低眉顺眼，对他百依百顺，就像为神献身的祭品。婚姻是属于相爱的人对彼此的承诺，可是很多女人却以嫁给自己的偶像为幸福。这不过是盲目地崇拜，或者是虚荣心使然。

女人要善待自己，就不能把崇拜当作爱恋。爱情是女人的梦想，如果误把偶像当情人，那么，只会出现越来越多的矛盾，而无法品尝到爱情的甜蜜。

6. 离婚不是终点

当婚姻出现了裂痕，亮起了红灯，许多夫妻便选择离婚。虽然离婚给双方带来的影响都是巨大的，但离婚并不是多么可怕的事情。可有些人却往往陷入这种悲痛之中不能自拔。

军的父亲和梅的父亲是至交。他们在同一个县城里生活。军上小学时，父亲被病魔夺去了生命，他母亲在梅家的无私帮助下拉扯他和两个妹妹读完了高中。军和梅从小青梅竹马，日久生情。在恢复高考后的第一年，梅把本属于她的名额让给了军，自己到工厂当了会计。就这样，军远离了家乡，怀着将用毕生的努力来回报女友的豪情，步入了一所大城市的名牌大学。

军学习非常用功，他希望将来能把梅和母亲接到城里生活，也算自己对家人的回报。那时的军在老师和同学的眼里是个朴实、进取的好青年。他在学校入了党，还是班干部。由于生活上得到梅节衣缩食对他的资助而没有大的压力，他一心扑在了学习上。在大学期间，有一位女同学追求了他两年，而他不为所动。毕业后，军终于如愿以偿，被分配到这个城市的一家外事单位。不久，他把梅和母亲接来，一家人开始了新的生活。

此后的梅完全成了贤妻良母，全身心地支持着丈夫的事业，打点着里里外外的一切。她的艰辛终于换来了军事业上的青云直上。改革开放后，军成了所在单位一家下属公司的总经理。家里的经济状况逐渐好转，梅还像过去一样专注于丈夫和孩子。但是，军却发生了变化，穿着讲究名牌，待在家里的时间少了，除了

下辑｜舍得的艺术

将自己每月的工资如数上交，他对妻子和孩子的爱变得吝啬了。梅一直深信丈夫的变化是由于工作的原因，她仍然一如既往地爱着曾经患难与共的丈夫。直到有一天，军提出与她离婚，她才如梦初醒。揽镜顾盼，她才发现自己前所未有的憔悴，细密的皱纹像老唱片一样让人触目惊心，而大街上花枝招展的女孩，一个个脸面都像光碟似的灿烂夺目。她苦苦地哀求，但最终没有唤回军的良知。最后，梅精神崩溃了。

有的人离婚后，一直处于痛苦之中，对什么事都没有兴趣，不想吃饭，不想做事，觉得生活中出现了巨大的空缺。面对强烈的空洞，当事人觉得自己好像掉入了巨大的黑洞之中，不断下坠、下坠，直至死去。其实，婚姻是一个人不可缺少的部分，但它不是一个人生活的全部。当婚姻没有了，你还可以用事业、友情、亲情、子女情去填补它造成的空缺，最起码可以防止内心空洞的加大。离婚者往往沉湎于过去，陷入对过去婚姻生活的回忆中而不能自拔。每个人都不能生活在过去，而应生活在今天，期望在明天。离婚者应该把注意力转向未来。很多人在结婚之后都把结婚之前的理想与梦想埋葬了。离婚之后，又恢复单身生活之时，不妨去把那些以前一直想做而又没有去做的事情付诸实施。一旦注意力转移了，情绪也会相应地好起来的，因为专注于某件想做的事情时，就没有心思去想那些令人痛苦的事了。一旦觉得自己也可以充实，可以快乐，痛苦就会慢慢减少了。

还有很多被动离婚者，就像梅那样的女性，她们常常认为自己为对方奉献了大半辈子的时间、精力及其他一切，到头来却落得一个被抛弃的下场。她们心有不甘，总是想"凭什么我奉献一切，却什么也没有得到"。其实，只要静下心来想一想，想想自己和对方共同走过的那些年，经历过的那些风雨、快乐的事，自己收获的种种体验和感受，就会明白其实自己是得到了的。经历就是人生最宝贵的财富啊！

离婚对于那些因"第三者"的介入而失去爱人和家庭的人来说，吞下的是一颗酸涩的果实。可也要看到，结束一段不幸的婚姻未必不是一件幸事。幸福的风帆总为那些自强不息者鼓满。离婚者要自强、自立，努力在社会上寻求并实现自己的价值，说不定美好的爱情又会不期而至。

总之，离婚者应积极调整自己的心态，在感到空虚时让自己忙起来，在缺乏信心时努力把工作做好，在愤怒时想想对方以前带给你的快乐以及名存实亡的婚姻造成的更大痛苦。简而言之一句话："离婚不是终点，而是一个新的起点，是新生活的开始，新生活是否美好，全在于自己的掌握。"

7. 失恋不能失态

姻缘并非你所能够左右，并不是每一个女人的爱情都会一帆风顺。在一个人的感情经历中，失恋是经常要发生的。有时候，你追求一个人怎么都追不到，那是因为他原本不属于你。所以，倘若他执意分手，或者你们到了该分手的时候，那么就释然吧。只是，不要为失恋太过伤心，更不要因此放弃对爱情的追求。没有爱情的人生是不完美的，应该继续去叩响爱情的大门，或许那个真正给我们幸福的人，正在不远的前方等待。

有人说，觉得失恋痛苦的女人，是因为在感情中付出太多，回不了头。也有人说，失恋给人的感觉就像嘴里长了溃疡，越痛越要去舔，越舔却越痛。其实，女人会在失恋中成长，失恋会让女人及时修正自己的生活习惯和思维方式，失恋会让女人更加懂得如何去爱。

每一段初始如烟花般美丽的感情，到分手时都免不了变成一堆灰烬。看穿了，失恋不过是女人必经的一段路。所以，分手来临时就应该如歌中所唱："放下痴迷，关上昨天，当爱已划出界线，应该有人说再见，不心碎不伤悲也不埋怨。寂寞是风中灰尘，轻轻吹落后是一片蓝天。微笑是泪水的另一面，谢谢你给了我成熟的机会。"失恋不能失态，失恋的女人要保持美丽。

对于失恋，每个女人都有各自不同的感受，但女人们在一点上非常有共识——失恋不能失态。

看过《瘦身男女》的人一定都记得，里面美丽苗条的女主角，为了一个男人而害上暴食症，胡吃海塞，把自己变成一个大胖子。女人应该明白，你可以失去这个男人，但绝对不能因为这个男人而丧失对未来生活的判断，绝对不能因为这段感情而丧失对爱情的期待和向往，绝对不能因为这个男人的"不选择"就对自己的美丽来一个全盘否定。

丽丽已经30岁，是一个程序设计员，有一个相恋3年的男朋友。她一直以为爱情不需要那一张纸来约束，以为这份爱情的程序是由她来设计的，当然就会依照她的想法走。但爱情还是溜掉了。丽丽一个人消沉了许久，每天胡乱洗脸，随便捡件衣服套在身上。直到有一天，丽丽突然发现，镜子里的自己有一对熊猫眼，皮肤蜡黄，衣服邋遢得要命……她才知道不能再沉迷下去了。

丽丽到美容院躺下，接受美容师轻柔地"抚摩"。听着优美缓慢的 SPA 音乐，看着自己日渐美丽白皙的肌肤，丽丽内心的郁闷和压抑就少一点点。丽丽还为自己制订了健身计划。她参加了健身俱乐部，每周1次健美操、1次瑜伽、1次拉丁舞，剩下的几天还可以在俱乐部的健身器械上跑跑步，让教练一对一地指导一下。就这样，3个月下来，丽丽整个人轻松了很多，健康红润了很多，而且居然轻了10斤。去商场试最新款的低腰牛仔裤时，她感受到了不少人羡慕的眼光。

恋爱是一次已完成的选择，失恋面对的是即将而来的选择。丽丽的选择是正确的。失恋了，她没有因此沉沦，而是在失恋中收获。而这段有美丽相伴的日子里，让她在面对未来的时候充满了信心。既然爱情无法挽回，那么你要留住你的美丽，甚至要让自己变得更加美丽。虽然世上并没有清除失恋之痛的药，只有期待时间来抚平伤痛，但我们仍可用一些积极的行动来保持自信和尊严，减少自我伤害，继续往前走！如何早日抚平失恋的伤痛，走出感情的漩涡呢？以下便是几个具体的方法和建议：

（1）乐观地看待分手

分手之后不要沮丧，不要后悔。你该从另一方面去想，幸亏已经分手了，不然这个人还会伤害你，你不用再为这个根本不重视你的人难过。所谓长痛不如短痛，你还能站起来，重新开始。

（2）转移注意力

马上离开那个伤心的地方很容易，马上远离难过的心情就不容易了。这时候你需要的是转移注意力。报个班去上课，让自己的生活充实起来，没有时间再去沉浸过去；去旅行，短途或长途，国内或国外都无所谓，找个陌生的地方，好好地放松自己，说不定还会有新的爱情降临；去做志愿者，把你的伤心化作对别人或小动物的爱心，你会感觉到你的付出是有回报的，然后忘了那个对你根本不在意的男人。

（3）凝视前方不回首，保持女人的尊严

你知道通常他会在哪里出现，所以你准时地出现在哪里，希望和他不期而遇……快别这么傻了，你要做的是尽量避开他会出现的地方。万一你遇到的不光是他，还有他跟他的女友时怎么办？不要让你的心再有任何期待了。

不要去找他，不要与他联络，不要再眷恋以往。向前看，向前走！

（4）倾诉

找你最好的朋友，把你的失恋、痛苦、失望全部说出来，别管对方能安慰你多少，能帮你多少，重要的是你要说出来。找父母、亲人，像小时候抱怨学校的同学老师一样的倾诉，然后听听他们的意见，他们的话绝对是治疗失恋最好的良药。实在不愿意告诉别人，就干脆写下来，不要在意文法、文笔，也不要在意以什么形式，总之就是用写来倾诉，然后把那张纸销毁，你会感到前所未有的轻松。

（5）要做出不在乎的样子

虽然不可能真正不在乎，但行动上这么说这么做就会影响到内心。可以这样想："他都不在乎了，我为什么要在乎？"或对付负心人的最佳办法就是让自己活得好好的。或是你要看我难过痛苦，我偏不让你称心如意。这些想法可帮助我们不掉入恶劣情绪的漩涡。

（6）记得清除他的痕迹

把会让你想起他的东西收起来，你们俩的照片、他送你的东西、他用过的东西等等，别让那些物件唤起你的回忆。但是还不需要丢掉或烧掉，只要收到比较难找的地方就可以了。如此以避免睹物生情，惹自己伤心生气。也不要去你们以前常去的地方，以免触景伤情，让自己情绪低落。

（7）多想对方的"不好"

把他的缺点写下来。他不体贴人，他爱和其他的女孩子搭腔，也爱迟到，他每次说打电话都没打……一项项列出来，越多越好。每次你想起他的时候，只想他的"不好"。你会觉得失去了也并不可惜，收拾起思念怀旧的心情，完全抛去牵挂与不舍。

（8）可以适当地发泄情绪

别让悲痛、挫折感、愤怒一直堆积而啃噬我们的身心。要哭，洗澡时大声哭，尽情地哭；要叫，找个无人之处用力嘶喊；要撕，关起门来大力撕个痛快。想倾诉，找知心好友好好谈一谈。但发泄时千万要注意对象，不要任意找人当倒霉鬼，对他乱发脾气，伤害无辜。找不到倾诉之人时，写日记也不错，把所有的感受都写下来。无论多么难受悲伤，把你心里一切的苦痛都描写下来，你将发现自己好过得多了。

美丽，可以有若干方式。如果一个女人在她失恋的时候也可以微笑着、美丽着、继续着，这种美丽才是永远的美丽。

8. 现在拥有的才是最好的

平淡，这就是生活。现在拥有的才是最好的，流星虽然美丽，但那只是一瞬间，月亮的光辉才是永恒。切勿活在往事的阴霾中。

生活是靠两个人去共同维护的，夫妻本是同林鸟，幸福或悲伤都是共同的，所以夫妻之间更应该学会共同用心去经营自己的婚姻。这样执子之手、与子偕老就不再像童话故事般遥远。

小夏在搬家的时候偶然发现了丈夫过去的一本日记，了解到丈夫以前和恋人之间的一些事情。从此，她就天天审问丈夫这是怎么回事，而且她自己还把日记反复看了多遍，熟记在心，走到哪里，都会回想起丈夫过去是否和别人来过这里，做了什么，等等。这令她非常痛苦，整夜整夜得睡不着觉，白天也无心工作。他们的孩子都上了小学了，小夏不想和丈夫离婚，但也不能原谅丈夫，就这样互相折磨，使丈夫也痛苦万分。

小夏的这种做法实在是太没必要了，过分地追究以前的事情是种愚蠢的行为。最明智的做法是放眼未来，而不是把陈芝麻烂谷子的事，一股脑儿的全翻出来。如果夫妻双方把矛盾集中在当前事情上，矛盾就容易解决多了，所以夫妻之间的矛盾应就事论事，对那些过去的事实不要过分地追究，给自己也给对方足够的空间。如果真的担心对方的感情往事，尤其是旧情人会影响自己的生活，那么不妨以一种开阔的思路去面对，要要小聪明。这样既不会给对方造成压力，又避免了自己的烦恼。

玲玲丈夫的公司来了一位新同事，无巧不成书，这位新同事就是玲玲丈夫以前的女朋友。她的丈夫没有将这件事情隐瞒，而是坦白地告诉了她。面对这种情况，别的女人也许会整日惶恐不安，毕竟他们两个曾经是相爱的一对。而玲玲却是个聪明的女人，并没有介意他们之间的往事，反而和丈夫的旧情人成了朋友。

玲玲有时间就去找她吃饭逛街，两个人无话不谈。彼此的关系变得非常明朗化。她的丈夫和旧情人死灰复燃的机会当然就变得没有可能了。

我们不得不承认，玲玲是个聪明的女人。和丈夫的旧时情人成为朋友，总比猜测他们的旧恋情，把陈芝麻烂谷子的事翻出来，问个没完没了要好得多。把爱情放在最危险也是最安全的地方。"往事"意味着一切都已改变，无论是好的还是坏的都已经不复存在了。只有现在的生活才是最重要的，不要让过去的阴影影响到你现在的生活。

每个人都有属于自己的感情世界，这是谁都无法抹去的事实。因此，无论你面对的是自己的过去还是对方的过去，都应该以一种理性的方式去解决它，而不是把它变成自己生活的负累。一味地追究过去不仅会给自己带来伤害，同时也会给对方带来不必要的痛苦，最终将会导致两个人的感情出现裂痕。因此，不要活在彼此过去的影子中，走出痛苦的阴霾，面对现在的美好生活。

9. 放弃也是一种美丽

人生中的许多事情，总是在经历过以后才会懂得它的真谛。一如感情，痛过了，才会懂得如何保护自己；傻过了，才会懂得适时地坚持与放弃。在得到与失去中我们慢慢地认识自己。其实，生活并不需要那么多无谓的执着，没有什么是真的不能割舍。学会放弃，生活会更容易。

学会放弃，在落泪以前转身离去，留下简单的背影。学会放弃，将昨天埋在心底，留下最美的回忆。学会放弃，让彼此都能有个更轻松的开始，遍体鳞伤的爱就不会刻骨铭心。

每一份感情都很美，每一程相伴也都令人迷醉。是不能拥有的遗憾让我们更感缱绻；是夜半无眠的思念让我们更觉留恋。感情是一份没有答案的问卷，苦苦地追寻并不能让生活更圆满。也许一点遗憾、一丝伤感，会让这份答卷更隽永，也更久远。

收拾起心情，继续走吧！错过花，你将收获雨；错过他，我才遇到了你。继续走吧，你终将收获自己的美丽。

爱情没有永久的保证书。有个男士饱受一位前女友骚扰，骚扰范围之广，相当于古代的"诛九族"，所有亲戚朋友都备受这位不甘离去的女友的电话恐吓。后来他亲自去恳谈和解时才发现，原来他的前女友已经有新的同居人——她自己有新欢，但就是不让他轻松自如。新的已来，旧爱还不愿割去。

一个永远不想失去你的人，未必是爱你的人，未必对你忠心耿耿。

在心中如果有"曾经拥有就永远不要失去"的偏执狂与占有欲，越想要获得爱的永久保证书，就只会越来越偏离。

谁说喜欢一样东西就一定要得到它。有的人为了得到他喜欢的东西，殚精竭虑，费尽心机。更有甚者可能会不择手段，以至走向极端。也许他得到了他喜欢的东西，但是在他追逐的过程中，失去的东西也许更多，他付出的代价是其得到的东西所无法弥补的。那代价是沉重的，也许直到最后才会被他发现。

为了强求一样东西而令自己的身心都疲惫不堪，是很不划算的。有些东西是"只可远观而不可近瞧"，一旦你得到了它，日子一久，你可能会发现其实它并不如原本想象中的那么好。如果你再发现你失去的和放弃的东西更珍贵的时候，我想你一定会懊恼不已。常听到这样的一句话"得不到的东西永远是最好的"。所以当你喜欢一样东西时，得到它并不是你最明智的选择。

谁说喜欢一个人就一定要和他在一起。我们何不尝试着给他送上最最真诚的祝福呢？喜欢一样东西，就要学会欣赏它，珍惜它，使它更弥足珍贵。

喜欢一个人，就要读懂他，尊重他。同时也要读懂对方的心思，尊重对方的选择。如果你对这些一概不理会，而只执着于自己想要得到的，最终你只会将自己陷入痛苦的深渊不能自拔。因为，能不能在一起毕竟是两个人的事情。

经典小测试：你属于哪种爱情类型

测试攻略

测试意义：★★

准确指数：★★

测试时间：18分钟

测试情景

爱情是美好的，但是在每个人的爱情中，都可能存在一些误区，这些误区，可能让你们结束美好的恋情。那么，你在爱情中的误区是什么呢？

测试问答

1. 和别人约会都会早到？

    A.是→转第5题

    B.否→转第2题

2. 与另一半约会时看到地上有10元钱，你会捡起来吗？

    A.是→转第3题

    B.否→转第6题

3. 坐地铁时，你比较讨厌：

    A.很吵的随身听→第8题

    B.很浓的香水味→第4题

4. 你每天会带记事本吗？

    A.是→转第8题

    B.否→转第12题

5. 和别人相撞你会说抱歉吗？

    A.是→转第10题

    B.否→转第6题

6. 你的穿着打扮：

    A.很定型→转第7题

    B.变化很多→转第8题

7. 你的座位整理得很干净？

    A.是→转第13题

    B.否→转第11题

8. 你自认开车技术很好吗？

    A.是→转第11题

    B.否→转第12题

9. 你曾被说过口才很好吗？

    A.是→转第7题

    B.否→转第13题

10. 你常看女性杂志吗？

    A.是→转第7题

    B.否→转第9题

11. 你是个很圆滑的人吗？

    A.是→转第15题

    B.否→转第14题

12. 你喜欢什么香水？

    A.淡雅的→转第15题

    B.浓艳的→转第16题

13. 你认为办公室应当禁烟吗？

    A.是→转第17题

    B.否→转第14题

14. 你是个喜怒哀乐不形于色的人吗？

    A.是→转第19题

    B.否→转第18题

15. 看到远处走来的朋友，你会：

    A.大声地打招呼→转第20题

    B.等对方先打招呼→转第19题

16. 你是个吃饭很有礼貌的人吗？

    A.是→转第15题

    B.否→转第20题

17. 你和别人在一起多为：

    A.说话的人→转第14题

    B.听话的人→转第18题

18. 如果时光能倒流，你想有两个以上谈恋爱的对象吗？

    A.是→A型

    B.否→B型

19. 去KTV唱歌时，你是先唱歌的人吗？

    A.是→C型

B.否→B型

20.你和比你小的异性说话多以什么称呼？

　　A.某某先生或某某称呼→C型

　　B.某某弟弟称呼→D型

测试解析

A型：十足的完美主义者。

你对对方的任何事情都不允许有一丝一毫的不完美，在别人眼中你是个严以律己，也严以待人的人。

你对爱情的要求相当苛刻。在谈恋爱前，你会很理智地打听对方的各种条件，如家庭背景、外貌、学历、收入等。和对方谈恋爱时，你又会将对方当成自己的真正另一半，管东管西，让对方觉得压力很大。其实，作为完美主义者，你过得也很辛苦。如果能努力改变自己的话，相信你会活得较轻松，也能获得别人的喜爱。

B型：智慧和理性并存的人。

你对事情能从各种不同的角度观察，分析判断能力相当好，因此周围的人有问题时都会向你请教。所以，在工作上，你很得上司的信赖及同事的喜爱。

在感情世界中，你依然不改理性本色，在他面前更是缺乏温柔与体贴，喜欢和他一争长短，让他觉得你没有他也无所谓，反正你可以过得很独立，从而不知不觉地伤及他的自尊心。久而久之，他就越来越无法容忍你，最后只好分手。要知道，男人喜欢保护女人，而女人则喜欢被保护的感觉。所以，你还是卸下理性的面具，好好享受爱情游戏的规则吧！

C型：条件非常不错。

你不仅很有味道，而且聪明伶俐，所以，你从小到大从来不缺追求者，而在团体中你也是最亮眼的那一个。

由于你给人一种异性缘很好的印象，很容易被贴上"一定有异性朋友"的标签，让一些对你有好感的异性纷纷打退堂鼓，也错失了一些好姻缘。而且，你也是个虚荣的人，喜欢将情人当成炫耀的工具，并且随时叮咛对方不要丢你的脸，使对方怀疑你到底有没有真心爱他。最后，他可能因失望而黯然的跟你说分手。

D型：具备非常高超的交际手腕。

下辑　舍得的艺术

你和任何人都能相处很好，喜欢交朋友，所以谈起恋爱来也不会把时间只分给对方，而会和以前一样与朋友们聚会唱KTV。其实，这样的做法会让另一半认为你根本不在乎他，害怕你会移情别恋另觅新欢，以至于提出分手的要求。所以，即使你很喜欢交朋友，也不可因此忽略了对方的感觉，只有好好沟通才能达成共识。

测试点拨

相识是偶然，也是缘分。每一个人对于自己的爱情，都可能会投入全部的精力，所以也不想草草的结束。很多的爱情，是因为没有用心的经营而导致分开。或许在某些时候，偶尔容许情人的一些小缺点，让自己去依靠一下他，多顾及一下对方的感受，你们的情感会细水长流。